북유럽
스타일
소품 만들기

북유럽 스타일 소품 만들기

지은이 강호정
펴낸이 안용백
펴낸곳 (주)넥서스

초판 1쇄 발행 2013년 9월 25일
초판 2쇄 발행 2013년 9월 30일

출판신고 1992년 4월 3일 제311-2002-2호
121-840 서울시 마포구 서교동 394-2
Tel (02)330-5500 Fax (02)330-5555
ISBN 978-89-6790-530-9 13590

가격은 뒤표지에 있습니다.
잘못 만들어진 책은 구입처에서 바꾸어 드립니다.

www.nexusbook.com
넥서스BOOKS는 (주)넥서스의 실용 브랜드입니다.

스칸디나비아 인테리어 DIY

북유럽 스타일 소품 만들기

강호정 지음

넥서스BOOKS

프롤로그

평생의 로망, 북유럽

유럽 여행하면 흔히들 서유럽을 시작으로 하고, 이후에 북유럽과 동유럽을 꼽곤한다. 스칸디나비아 반도에 위치한 스웨덴과 덴마크, 노르웨이, 핀란드와 아이슬란드 등이 북유럽에 포함되는데, 이들 나라는 척박하고 긴 겨울을 지내야 하기 때문에 1년 중 날씨 좋은 여름은 3개월뿐이다. 실외보다는 집안에서 보내는 시간이 많기 때문에 오래 봐도 질리지 않는 디자인의 가구와 리빙 제품들 그리고 자연 친화적인 문화가 다른 나라들보다 발전한 곳이다.

북유럽 인테리어로 꾸민 집

친환경, 핸드메이드, 아날로그, 빈티지, 자연 모티브 패턴, 심플함과 절제된 세련미 등 북유럽 인테리어하면 떠오르는 특징들은 내가 추구하는 이상과도 맞아 북유럽 스타일에 빠져들기 시작했다. 동시에 우리 집을 북유럽 스타일로 조금씩 바꾸는 일에 착수했다. 자연 친화적인 그들의 생활에서 우러나오는 다양한 패턴들과 소품들을 전원생활을 하는 우리 집에 그대로 옮겨 놓는 일은 쉽지만은 않았지만 매우 설레는 일이었다.

직접 만드는 북유럽 소품

키친웨어, 패브릭, 패션 등 다양한 영역에서 활동하는 유명 작가들의 작품을 이제는 한국에서도 쉽게 볼 수 있다. 유명 작가들의 작품을 구입해 소장하는 것도 좋지만 가격대가 높아 망설이는 사람도 많을 것이다. 이 책에 실린 50개의 소품은 주변에서 쉽게 구할 수 있는 재료로 만들기 때문에 누구든지 쉽게 북유럽 스

타일 소품을 만들 수 있으리라 확신한다. 그러나 처음부터 아이디어가 뚝딱 나온 것은 아니었다. 주변에서 쉽게 접할 수 있는 소재들을 하나 둘 수집하는 일부터 시작해서 간결하고 세련된 색상 선택을 위해서도 고심했다. 가구를 만들 때는 설계도만 완성하면 만드는 과정은 초고속으로 진행된다. 그렇지만 소품은 재료 선택부터 패턴 도안, 색상 선택이 정말 까다롭고 힘든 일이었다. 이 힘든 과정을 거치면서 수시로 피드백을 주신 박정아 편집자님께 진심으로 감사하다는 말을 전하고 싶다. 옥석을 가리는 데 많은 조언을 해 주었고, 아이디어 하나만 가지고 만들기 시작했던 북유럽 소품이 한 권의 책으로 탄생할 수 있도록 객관적인 시선으로 판단해 준 덕분이다.

그리고 아이디어가 떠오르지 않을 때마다 발 벗고 도와준 블로그 동생들에게 진심으로 고맙다는 말을 전한다. 이 책의 탄생에 그녀들의 힘찬 응원도 크게 도움이 되었다. 그리고 아내 역할과 엄마 역할을 제대로 못해도 응원을 아끼지 않은 가족들에게도 진심으로 감사하다고 전하고 싶다.

북유럽으로 채색된 행복했던 시간

최선을 다했지만 그래도 부족한 것 같아 조심스러운 것이 사실이지만 정신없이 북유럽에 빠져 있었던 지난 몇 달은 내 생애 가장 행복했던 시간이었다. 북유럽 소품을 만들면서 내가 느낀 행복을 독자들도 같이 누리길 소망한다.

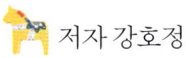 저자 강호정

Contents

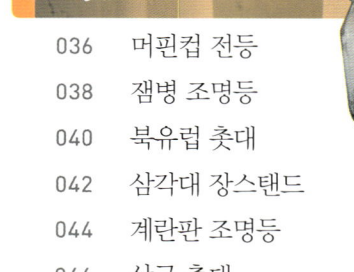

PART 3
모던&세련
Modern & Sophisticated

PART 5
실용
Practical

부록 도안

PART 4
빈티지
Vintage

도구·재료 소개

페인팅에 필요한 도구와 재료의 활용

페인팅 필수 도구

① 붓(스테인 페인트는 스펀지붓, 일반 페인트는 페인트용 붓 사용)
② 장갑(스테인 페인트는 일회용 장갑, 일반 페인트는 면장갑 사용)
③ 페인트 트레이(없으면 두부 팩 사용)
④ 바닥에 깔 비닐(택배 상자에 있는 에어캡 사용)

> ● 소개한 도구와 재료는 저자가 작업 시 사용한 제품을 위주로 소개하였습니다. 독자 여러분의 취향에 따라 기타 도구와 재료를 이용하면 더욱 독창적인 작품을 완성할 수 있습니다.

❶ 아보코트 스테인

벤자민무어의 원목용 수용성 스테인 페인트인 아보코트는 원목 나뭇결을 그대로 살리고자 할 때 사용한다. 스펀지에 스테인 페인트를 묻혀서 2~3회 칠한다. 흡수가 뛰어나고 빠른 건조가 특징이다.
가격 1ℓ 약 30,000원

❷ 어드반스 페인트

냄새가 거의 없고, 별도의 바니시 코팅이 필요 없는 벤자민무어의 페인트이다. 나무에 페인팅 할 때에는 젯소를 바르지 않고 그냥 페인트만 칠한다. 나무 이외에는 꼭 젯소를 사용한다.
가격 1ℓ 약 37,000원

❸ 리갈 페인트

냄새가 거의 없고 건조가 아주 빠르며, 별도의 바니시 코팅이 필요 없는 벤자민무어의 페인트이다. 수용성 아크릴 라텍스 페인트로 건조 후 물 청소가 가능하다. 나무에 페인팅 할 때에는 젯소를 바르지 않고 그냥 페인트만 칠한다. 나무 이외에는 꼭 젯소를 사용한다.
가격 1ℓ 약 36,000원

❹ 네츄라 페인트

벽지나 벽면을 칠할 때 사용하는 용도의 벤자민무어의 페인트이다. 최고급 친환경 페인트로 임산부나 어린이 방에 아주 좋다.
가격 1ℓ 약 32,000원

❺ 칠판 페인트

칠판 페인트는 냄새가 거의 없고 컬러도 다양하다. 방문이나 소품 등에 분필로 글씨를 써서 포인트 줄 때 좋다. 페인팅하고 3일 후에 분필을 사용해야 분필 자국이 남지 않는다. 수정은 물 걸레로 한다.
가격 1ℓ 약 31,000원

❻ 철부식 페인트와 부식액

철부식 페인트는 녹슨 느낌이 나게 할 때 사용하는 것으로 원목에 페인팅할 때에는 젯소를 사용하지 않아도 되지만 원목 이외에는 젯소를 사용한다. 철부식 페인트를 2회 바른 뒤 페인트가 다 마르면 부식액을 칠해서 부식시킨다. 부식액을 많이 바르면 부식이 더 많이 된다.
가격 약 27,980원(소)

❼ 동부식 페인트와 부식액

동부식 페인트는 청동 느낌이 나게 할 때 사용하는 것으로 원목에 페인팅할 때에는 젯소를 사용하지 않아도 되지만 원목 이외에는 젯소를 사용한다. 동부식 페인트를 2회 바른 뒤 페인트가 다 마르면 부식액을 칠해서 부식시킨다. 부식액을 많이 바르면 부식이 더 많이 된다.
가격 약 28,000원(소)

❽ 바니시(투명 코팅제)

방수 효과가 탁월하여 상판이나 물을 자주 사용하는 곳에 사용하면 좋다. 페인팅 후나 스테인 후에 코팅제로 사용하면 방수 기능이 탁월하다. 페인팅 후에 코팅을 원할 때에는 바니시로 마감을 하면 오래 사용할 수 있다.
가격 1ℓ 약 39,600원

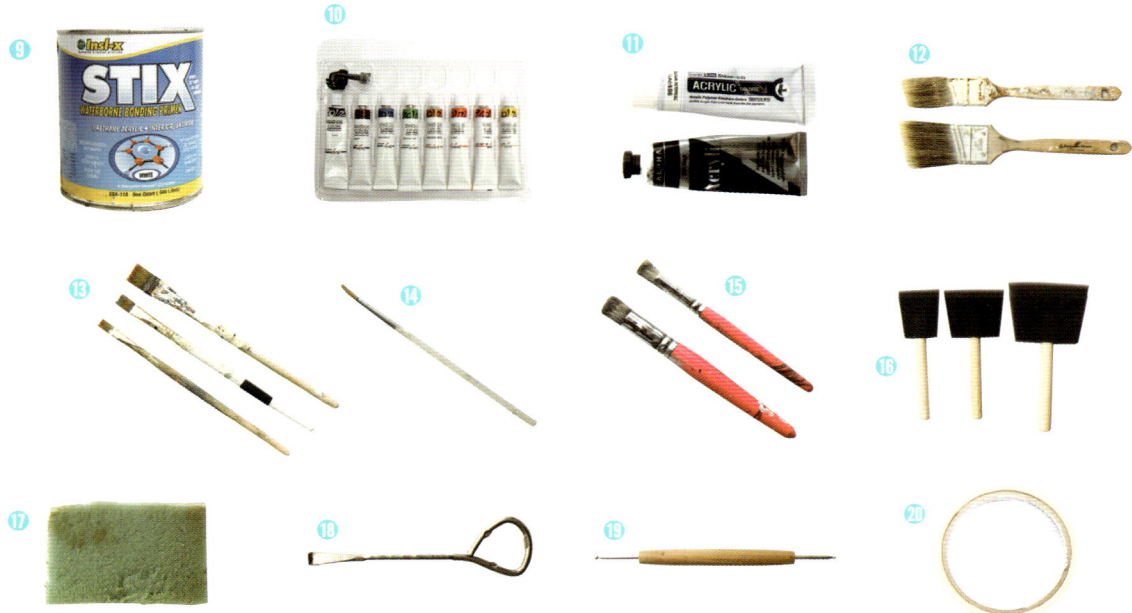

⑨ 스틱스 초강력 프라이머(젯소)

내외장용으로 가능한 다용도 프라이머이다. 페인팅 하기 전에 초벌로 바르는 제품이다. 시트지, 유리, 알루미늄, 플라스틱, 타일에 젯소를 1∼2회 칠한 뒤 마르면 사용한다. 원목 자체에 페인트를 칠할 때에는 젯소를 칠하지 않지만 그 외에는 젯소를 1∼2회 칠하는 것이 필수이다. **가격 1ℓ 약 28,000원**

⑩ 스테인드글라스 물감

스테인드글라스 느낌을 표현하고자 할 때 사용하는 물감으로 투명한 유리에 많이 사용한다. 면봉으로 펴면서 바르면 멋진 스테인드글라스를 표현할 수 있다. **가격 약 4,200원**

⑪ 아크릴 물감

스텐실을 할 때 주로 사용하거나 그림을 그릴 때 많이 사용한다. **가격 약 2,900원**

⑫ 페인트용 붓

페인트를 칠할 때 사용하는 붓으로 사용 후에는 물로 깨끗이 헹궈서 보관한다. 페인트가 굳으면 붓을 사용하지 못할 수도 있다. **가격 약 3,000∼4,000원**

⑬ 평붓

페인트용 붓보다 얇은 붓으로 그림을 그릴 때 많이 사용한다. 붓 크기에 따라서 선택해서 사용한다. **가격 약 4,900원(5개 세트)**

⑭ 세필붓

선을 그릴 때 사용하는 붓이다. **가격 1,600원**

⑮ 스텐실붓

스텐실을 할 때 사용하는 붓으로 주로 아크릴 물감과 사용한다. **가격 6,200원(2개 세트)**

⑯ 스펀지붓

스테인 페인트를 바를 때 사용하는 붓이다. **가격 약 900원(1개)**

⑰ 스펀지

스펀지붓이 없다면 큰 스펀지를 가위로 적당한 크기로 잘라서 사용한다. **가격 약 200원**

⑱ 페인트 오프너

페인트를 열 때 사용한다. **가격 약 500원**

⑲ 도트펜

도트(점)를 찍을 때 사용한다. 페인트를 적당량 발라서 콕콕 찍어준다. **가격 약 1,300원**

⑳ 마스킹 테이프

페인트가 묻으면 안 되는 곳에 마스킹 테이프를 붙이고 페인팅을 한 뒤 페인트가 마르면 마스킹 테이프를 뗀다. 스크랩우드 느낌을 줄 때 사용하면 효과적이다. **가격 약 1,200원**

나무를 다룰 때 필요한 도구와 활용

① 충전 드릴과 드릴비트

전선 없이 충전해서 사용하면 편리하다. 충전 드릴에 부착된 십자 드라이버비트(=나사못)를 박을 때, 드릴비트(=구멍)를 만들 때 사용한다. 충전 드릴 하나로 나사못도 박고 구멍도 뚫을 수 있어서 다용도로 사용한다.
가격 10.8V 약 15만원

② 전기타카(나일러)와 타카 핀

전기타카는 나무와 나무를 연결할 때 사용한다. 타카 핀은 나무 두께에 따라서 10, 15, 20, 25, 30mm길이 중에서 선택해 사용한다. 전기타카와 타카 핀은 망치와 못이라고 생각하면 된다. 쉽게 나무를 연결할 수 있는 장점이 있다.
가격 전기타카 약 124,000원, 타카 핀 약 4,800원

③ 건타카와 건타카호침

전기가 아닌 손으로 사용하는 타카로 나무와 나무를 연결할 때 사용한다. 타카호침은 ㄷ자로 되어 있다.
가격 건타카 약 17,200, 건타카호침 약 1,100원

④ 수동 샌더기와 사포

수동 샌더기에 사포를 끼워서 사용한다. 사포는 표면을 고르게 다듬어서 부드럽게 해준다. 부분 사포질 할 때에는 필요한 만큼 사포를 잘라서 사용한다. 220방을 가장 많이 사용하며, 숫자가 높을수록 고운 사포다.
가격 수동 샌더기 약 5,400원, 사포 약 650원

⑤ 톱

나무를 자를 때 사용한다. 가격 약 9,000원

⑥ 쇠자

짧은 길이를 잴 때나 칼로 대고 자를 때 사용한다. 가격 약 5,700원

⑦ 망치

못을 박을 때나 못을 뺄 때 사용한다.
가격 약 5,100원

⑧ 펜치

못을 박거나 제거할 때, 철사나 와이어를 자를 때 사용한다. 가격 약 5,000원

⑨ 줄자

길이를 잴 때 사용한다. 가격 약 6,000원

⑩ 다양한 나사못

나무 두께에 따라서 사용하는 나사못 길이도 다르며, 나무가 쉽게 갈라질 때는 끝이 십자인 철재 나사못을 박고, 반제품일 때에는 끝이 뾰족한 일자 나사못을 사용한다.
가격 크기별로 상이

⑪ 머리 없는 못

나무를 연결할 때 사용하며, 망치와 함께 사용한다. 초보자가 나무를 박을 때 사용하면 좋다.
가격 약 1,300원(100개)

⑫ 각도 톱질대 세트

45도 각도로 절단할 때 사용하면 편리하다.
가격 약 13,000원

⑬ 목공용 접착제

나무를 연결할 때 목공용 접착제를 바르고 나사못을 박으면 더 단단하게 고정된다.
가격 약 5,500원

🪑 리폼에 필요한 도구와 활용

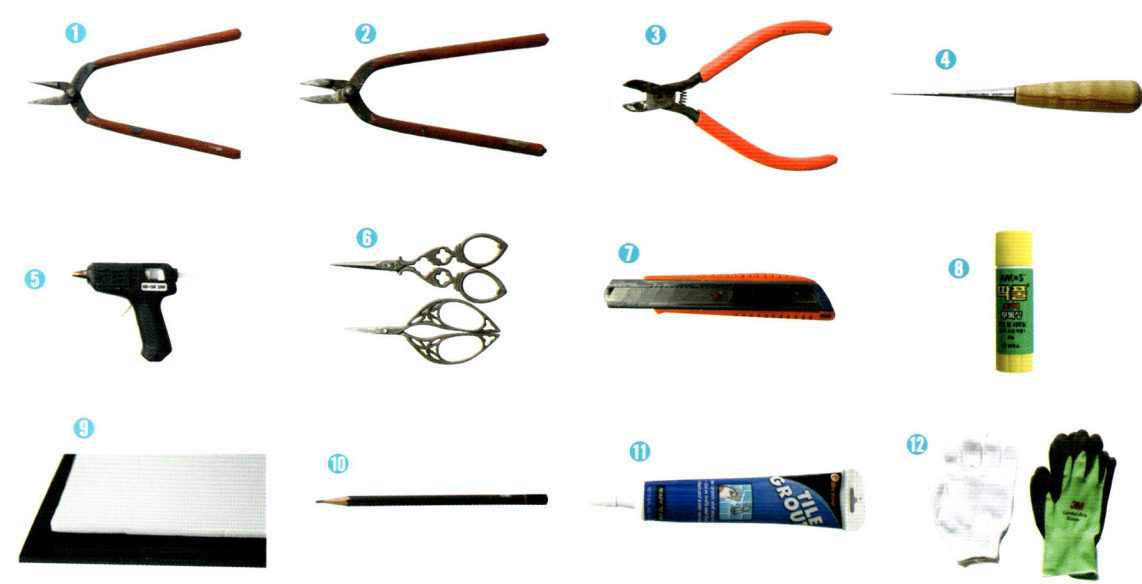

❶ 9자말이 노우즈
철사나 와이어를 동그랗게 말 때 사용한다.
가격 약 3,600원

❷ 평노우즈
링이나 철을 구부리거나 펼 때 사용한다.
가격 약 3,600원

❸ 니퍼
쇠나 와이어를 절단할 때 사용한다.
가격 약 3,000원

❹ 송곳
구멍을 뚫을 때 사용한다. 가격 약 2,500원

❺ 글루건과 심(스틱핫멜트)
붙일 때 사용하며, 투명하게 굳는 것이 장점이
나 실리콘보다 강도가 약하다. 코드를 꽂고 2~3
분 후면 글루건심이 녹아서 접착하기 쉽다.
가격 글루건 약 3,900원, 심 약 1,600원

❻ 가위
자를 때 사용한다. 일반 가위보다 철 가위가 잘
잘린다.
가격 약 16,000원

❼ 칼
자를 때 사용한다. 가격 약 1,400원

❽ 딱풀
붙일 때 사용한다. 가격 약 700원

❾ 우드락
스티로폼의 원료인 폴리스틸렌이라는 원료를
압출, 평판 가공 등을 통해 평균 1~10mm 두께
의 얇은 형태로서 입자가 고르고 세밀하게 뽑
아낸 제품이다. 가볍고 자르기도 쉽다. 두께도
다양하고, 색상도 다양하다. 칼로 잘라서 사용
하면 쉽다. 가격 약 2,000원

❿ 연필
밑그림을 그릴 때 사용한다. 가격 약 175원

⓫ 줄눈제
타일 사이를 메울 때 사용한다. 가격 약 7,500원

⓬ 장갑(목장갑, 코팅장갑)
목장갑은 페인트칠 할 때 사용하며, 코팅장갑
은 다용도로 사용한다.
가격 목장갑 약 400원, 코팅장갑 약 1,900원

북유럽에는 과일, 식물, 동물 등
자연을 모티브로 한 아이템들이 많습니다.
주변에서 쉽게 볼 수 있는 패턴으로
북유럽 소품을 만들어 보세요.

PART 1

자연 모티브

Nature

스웨덴 달라호스

난이도 ★★★

전통 목각 인형인 달라호스는 스웨덴의 상징입니다. 긴 겨울 모닥불 앞에서 아이들과 함께 만든 장난감에서 시작되었다고 하는데 집안에 7개가 있으면 행운이 온다는 속설이 있습니다.

● 준비물

달라호스 도안(부록에 수록), 미송(1개 기준 : 가로 30cm x 세로 15.5cm x 두께 5cm), 볼펜, 연필, 직소기, 220방 사포, 평붓, 빨간색 페인트(벤자민무어 AF-290번 caliente), 회색 페인트(벤자민무어 137-50번 sea haze), 민트색 페인트(벤자민무어 753번 santa clara), 노란색 페인트(벤자민무어 2018-30번 citrus blast), 오렌지색 페인트(벤자민무어 2169-30번 oriole), 청록색 페인트(벤자민무어 AF-510 dragonfly), 패브릭 테이프, 단추, 글루건과 심, 우드락, 칼, 나무집게, 레이스

완성 사이즈 가로 15.5cm x 세로 16cm x 두께 5cm

부록 도안을 대고 밑그림을 그린다.

1 미송에 볼펜이나 연필로 직접 그린 달라호스 도안을 그린다.

2 밑그림을 따라 직소기로 자른다.

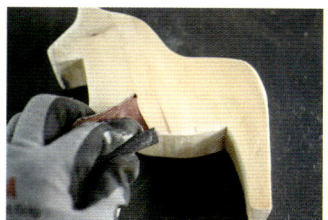

3 220방 사포로 깔끔하게 표면을 다듬는다.

4 같은 방법으로 달라호스를 여러 개 만든다.

5 평붓을 이용해 원하는 색으로 칠한다.

6 패브릭 테이프나 단추를 글루건으로 붙여 다양하게 꾸민다.

7 나무로 만들기 어렵다면 우드락으로 만들어 보자. 우드락에 밑그림을 그리고 칼로 자른다.

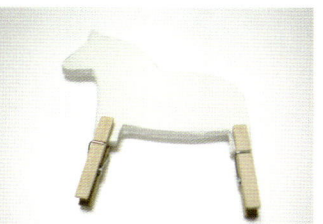

8 다리 부분에 나무집게를 집는다.

9 원하는 색상과 패턴으로 칠하고 레이스나 단추를 글루건으로 붙인다.

프라이팬
벽걸이

난이도 ★★☆

북유럽에는 주변에서 쉽게 볼 수 있는 자연을 모티브로 한 아이템들이
많습니다. 특히 사과와 배 같은 과일들 도안을 많이 볼 수 있어요.
낡은 프라이팬에 과일 모티브를 입혀 멋진 벽걸이를 만들어 보았습니다.

● 준비물

낡은 프라이팬 2개, 초강력 젯소(벤자민무어), 평붓, 민트색 페인트(벤자민무어 753 번 santa clara), 아크릴 물감(검정색), 오렌지색 페인트(벤자민무어 2169-30 oriole), 회색 페인트(벤자민무어 2137-50번 sea haze), 미색 페인트(벤자민무어 208번 da vincic canvas), 도트펜, 절연 테이프(노란색, 초록색)

완성 사이즈 가로 11.5cm x 세로 31cm x 두께 2.2cm

1 낡은 프라이팬을 준비한다.

2 초강력 젯소를 바른 후, 마르면 1회 더 칠한다.

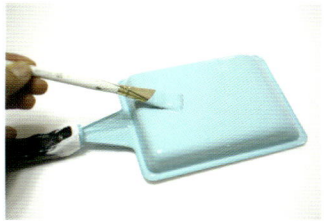

3 평붓으로 민트색 페인트를 칠한 후, 마르면 1회 더 칠한다.

4 검정색 아크릴 물감으로 원하는 모양을 칠한다.

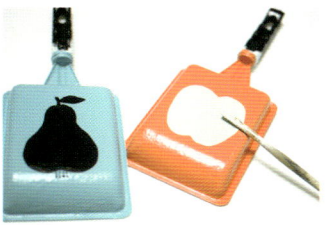

5 또 다른 프라이팬에는 오렌지색 페인트를 2회 칠한 후, 회색 페인트로 사과 모양을 그린다.

6 과일 안에는 검정색 아크릴 물감이나 미색 페인트로 원하는 패턴을 그린다.

테이프를 잡아당기면서 팽팽하게 돌려야 예쁘게 감아진다.

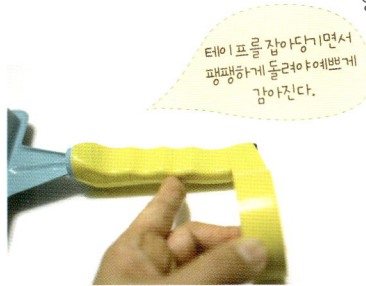

7 원하는 색상 절연 테이프로 손잡이를 감는다.

잔디
화병

난이도 ★ ☆☆

덴마크 디자이너인 클레이디스의 '그래스 꽃병'은 푸른 잡초를 모티브로
만든 작품으로 노만 코펜하겐에서 인기리에 판매되고 있어요. 이 작품은
몇 가지 재료만 있으면 간단하게 만들 수 있습니다.

● 준비물

재활용 유리병(컨디션과 청심환 병 사용), 지점토 2개, 글
루건과 심, 스테인드글라스 물감(노란색, 초록색), 붓

완성 사이즈
중간 크기 병: 지름 6cm x 높이 16cm
작은 크기 병: 지름 5cm x 높이 14cm

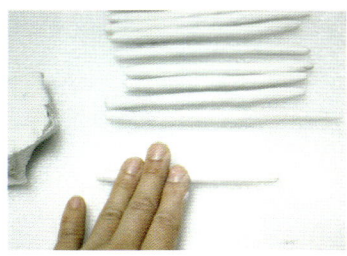

1 지점토를 잘 반죽해 새끼 손가락 굵기로
길게 밀어준다. (길이 14cm~16cm로 30개 정
도 준비한다.)

2 완전히 마를 때까지 그늘에서 하루 정도
말린다.

글루건심이 녹으면
뜨거우니 화상에
주의한다.

3 글루건을 이용해서 말린 지점토를 유리
병에 붙인다. 이때 글루건 심이 굳기 전에 빨
리 붙이는 것이 관건이다.

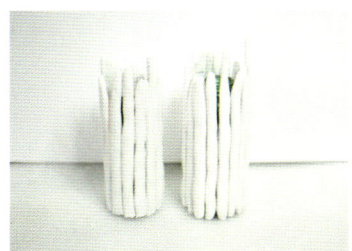

4 잔디 느낌이 나도록 자연스럽게 붙인다.

스테인드글라스 물감은
유리용 물감이라바니시로
마감할필요 없다.

5 스테인드글라스 물감(노란색, 초록색)을 잘
혼합해 꼼꼼하게 칠한다. 스테인드글라스
물감은 금방 굳기 때문에 사용 후에 붓은 바
로 씻는다.

우드병

난이도 ★★☆

덴마크 왕실에 공급하는 것으로 유명한
로얄 코펜하겐은 덴마크의 자존심이죠.
로얄 코펜하겐의 청아한 꽃 패턴을
우드병에 담아 보았습니다.

● 준비물

각재(두께 3 x 3cm), 원형톱, 칼, 220방 사포, 나뭇가지, 목공 본드,
흰색 페인트(벤자민무어 OC-17번 white dove), 평붓, 연필,
파란색 페인트(벤자민무어 2065-30번 brilliant blue), 세필붓, 도트펜

완성 사이즈
중간 크기 우드병 : 가로 3cm x 세로 17cm x 두께 3cm
작은 크기 우드병 : 가로 3cm x 세로 14cm x 두께 3cm

1 원형톱으로 각재를 12cm와 15cm 길이로 자른다. 병 입구가 될 부분은 원형톱으로 다듬는다.

2 톱질한 부분은 각지지 않도록 칼로 동그랗게 다듬는다.

3 220방 사포로 곱게 다듬는다.

4 나뭇가지를 잘라 병뚜껑 모양을 만들고 목공 본드로 붙인다.

5 크기가 다른 목재 병 2개를 만든다.

나무에는 젯소를 바르지 않고 바로 페인트를 칠한다.

6 뚜껑 부분을 제외하고 전체적으로 흰색 페인트를 칠하고 마르면 1회 더 칠한다.

연필로 그린 밑그림을 수정하려면 물티슈를 사용한다.

7 페인트가 마르면 연필로 밑그림을 그린다.

8 밑그림을 따라 세필붓을 이용해 파란색 페인트로 테두리를 그린다.

9 명암 효과를 위해 흰색과 섞어가면서 자연스럽게 칠한다.

10 뒷부분에는 파란색 페인트로 잎을 그린다.

11 뚜껑 부분은 파란색 페인트로 바탕을 칠하고 마르면 도트펜에 흰색 페인트를 묻혀 도트를 찍어 완성한다.

헌팅트로피

난이도 ★ ☆☆

박제된 동물 모형을 일컫는 헌팅트로피는
대표적인 북유럽 인테리어 소품 중 하나입니다.
요즘에는 쇼핑몰에서 다양한 모양으로 판매하죠.
몇 가지 재료만 있으면 간단하게 만들 수 있습니다.

● 준비물
헌팅트로피 도안(부록에 수록), 스티로폼(가로 21cm x 세로
30cm x 두께 1cm), 연필, 칼, 검정색 우드락(B4 크기), 글루
건과 심, 종이 끈, 나뭇가지

완성 사이즈
가로 26cm x 세로 38cm x 두께 2cm(뿔 길이는 제외)
뿔 길이 : 큰 나뭇가지 43cm, 작은 나뭇가지 31cm

부록 도안을 대고
밑그림을 그린다.

1 스티로폼에 연필로 밑그림을 그린다.

2 밑그림대로 칼로 자르고 깨끗하게 다듬는다.

3 B4 크기의 검정색 우드락에 2의 사슴 모양 스티로폼을 붙인다.

4 글루건으로 종이 끈을 붙여 벽에 건다.

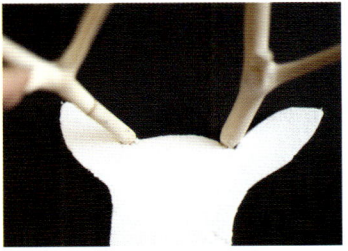

5 나뭇가지 두 개를 준비해 끝 부분을 뾰족하게 다듬는다.

6 우드락에 5의 나뭇가지를 입체적으로 꽂아 사슴 뿔을 완성한다.

자연 06

보자기 꽃

난이도 ★ ☆ ☆

북유럽의 꽃들은 꽃잎이 크고 우리나라 작약처럼
활짝 펴서 인테리어 효과도 아주 좋아요.
보자기로 북유럽의 화려한 꽃을 표현해 보았습니다.

준비물

꽃 모양 도안(부록에 수록), 보자기(빨간색, 분홍색),
볼펜, 가위, 라이터, 실(흰색, 노란색), 글루건과 심,
와이어, 9자말이 노우즈, 녹색 테이프

완성 사이즈 (꽃 한송이) 지름 8cm x 높이 30cm

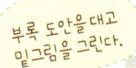
부록 도안을 대고
밑그림을 그린다.

1 빨간색, 분홍색 보자기에 볼펜으로 밑그림을(① 지름 6cm 1장 ② 지름 8cm 1장 ③ 지름 10cm 1장) 그려 가위로 자른다.

2 라이터를 이용해 보자기 가장자리를 약하게 지진다.

3 완성된 꽃을 크기별로 1장씩 겹쳐 놓는다.

4 손가락 두 개에 흰색 실을 걸쳐 20번 돌린 후, 가운데를 묶어 매듭을 짓는다.

5 매듭을 중심으로 양쪽을 가위로 자른다.

6 가운데 매듭 부분에 글루건을 약간 묻혀서 한쪽으로 모아 꽃술을 만든다.

금방타기때문에
불이 붙는 순간
바로 끈다.

7 라이터로 끝부분을 살짝 태운다.

8 3의 꽃잎에 글루건을 바른 7의 꽃술을 붙인다.

9 글루건을 이용해서 3장의 꽃잎을 크기대로 하나씩 붙여 예쁜 꽃을 만든다.

10 9자말이 노우즈로 와이어 윗부분만 동그랗게 말아 꽃줄기를 만든다.

11 마지막 꽃잎 뒷면을 보면 글루건이 뭉쳐 있는 통통한 부분이 있는데 이 부분에 10의 꽃줄기를 세게 찔러 넣는다.

잡아당기면서
감아야팽팽하게
잘 붙는다.

12 녹색 테이프로 와이어를 돌돌 감싸 꽃대를 만든다.

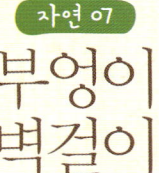

부엉이 벽걸이

난이도 ★★☆

노르웨이 작가인 도나 윌슨을 정말 좋아합니다. 그녀의 작품에는 부엉이, 고양이, 여우 등 동물들이 많이 등장하는데요. 북유럽에서 부엉이는 지혜와 복을 상징하는 동물로 소품에 많이 활용되고 있어요. 예쁜 부엉이 벽걸이를 만들어 여러분의 가정에도 복을 들여놓으세요.

● 준비물

삼나무 패널(혹은 자투리 나무 가로 15cm x 세로 16cm x 두께 1.2cm),
연필, 아크릴 물감(검정색, 흰색), 회색 페인트(벤자민무어 137-50번 sea haze),
세필붓, 평붓, 오렌지색 페인트(벤자민무어 2169-30번 oriole), 드릴, 훅, 고리

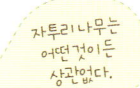

자투리나무는
어떤것이든
상관없다.

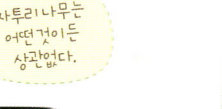

완성 사이즈 가로 15cm x 세로 17.5cm x 두께 5cm(훅고리 포함)

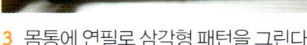

1 삼나무 패널 위에 원하는 모양의 부엉이를 연필로 그리고 몸체를 제외한 부분에 검정색 아크릴 물감을 칠한다.

2 날개와 눈을 제외한 부분에 회색을 칠한다.

3 몸통에 연필로 삼각형 패턴을 그린다.

4 세필붓으로 삼각형 테두리를 그린 후, 삼각형 내부는 평붓을 이용해 검정색 아크릴 물감을 칠한다.

5 날개는 평붓을 이용해 오렌지색 페인트를 칠한다.

6 눈은 오렌지색 페인트와 검정색, 흰색 아크릴 물감을 칠한다. 선은 세필붓을 이용한다.

7 날개는 회색 페인트를 이용해 물결 무늬로 칠한다.

8 드릴을 이용해 적당한 위치에 훅을 박는다.

9 드릴을 이용해 뒷면에도 고리를 단다.

계란 인형

난이도 ★ ☆☆

북유럽에서는 속을 비운 계란을 다용도로 활용합니다.
계란을 병아리로 변신시켜 계란 인형을 만들어 보았습니다.

● 준비물

계란 5개, 젓가락, 초강력 젯소(벤자민무어), 계란판, 붓, 오렌지색 페인트(벤자민무어 2169-30번 oriole), 노란색 페인트(벤자민무어 2018-30번 citrus blast), 민트색 페인트(벤자민무어 753번 santa clara), 그린민트 페인트(벤자민무어 578번 florida keys), 흰색 페인트(벤자민무어 OC-17번 white dove), 네임펜, 다양한 색볼(문구사 구입), 글루건과 심, 투명 필름지, 가위, 패브릭 스티커(데일리라이크 구입), 날개, 부리 도안(부록에 수록), 우드락(검정색, 흰색), 칼

완성 사이즈 (꼬리, 부리, 받침대 포함)
가로 8.5cm x 세로 9.5cm x 폭 4.5cm

1 계란의 뾰족한 부분을 젓가락으로 톡톡 두드려서 흰자와 노른자를 제거하고 깨끗이 씻은 뒤 말린다.

계란판에올리고 칠하면쉽다.

2 표면에 초강력 젯소를 칠하고 마르면 1회 더 칠하고 말린다.

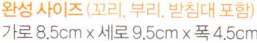
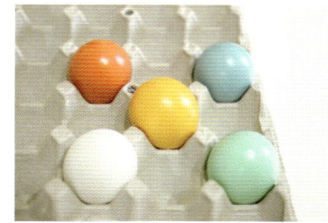

3 오렌지색, 노란색, 민트색, 그린민트색, 흰색 페인트를 각각 칠하고 마르면 1회씩 더 칠한다.

4 네임펜이나 검정색, 그린민트, 흰색 등의 페인트로 다양하게 패턴을 그려 몸통을 완성한다.

5 4의 몸통과 어울리는 색볼을 골라 글루건으로 붙여 머리를 표현한다.

6 투명 필름지 위에 폭 1.5cm x 길이 12cm인 패브릭 스티커를 붙여 계란 받침대를 만든다.

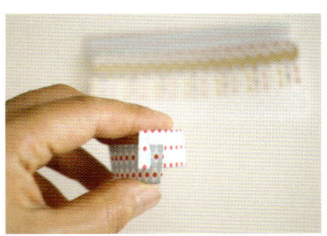

7 6의 양쪽 끝은 0.7cm 여분을 두고 왼쪽 끝은 아랫부분을, 오른쪽 끝은 윗부분을 반만 가위집을 낸 뒤 끼운다.

부록 도안을 대고 밑그림을 그린다.

8 우드락으로 병아리 날개와 부리를 만든다.

9 글루건으로 부리와 날개를 적당한 위치에 붙인다.

스칸디나비아의 아름다운 숲을 연상시키는 나무에서 착안해
절제미가 느껴지는 북유럽 스타일 나무를 만들어 보았어요.
크리스마스 시즌에는 여기에 다양한 오너먼트를 달아도 좋습니다.

● 준비물

A4용지, 나무 도안(부록에 수록), 검정색 우드락, 볼펜,
자, 칼, 가위, 글루건과 심

완성 사이즈
큰 나무 : 지름 21.5cm x 높이 24.5cm
작은 나무 : 지름 15cm x 높이 20cm

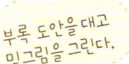
부록 도안을 대고
밑그림을 그린다.

1　두 가지 크기로(① 작은 나무: 가장 긴 가로
15cm x 세로 20cm 2개 ② 큰 나무: 가장 긴 가로
21.5cm x 세로 24.5cm 2개) 도안을 그리고 가
위로 자른다.

2　1의 도안을 검정색 우드락 위에 올려 선
을 따라 볼펜으로 그린다. 크기별로 2개씩
준비한다.

3　각 나무 중앙에는 자를 이용해 세로로 직
선을 긋는다.

4　선을 따라 나무의 가장자리를 칼로 자른다.

5　각 크기별 1개의 우드락 나무는 중앙의
선을 따라 칼로 잘라 준비한다.

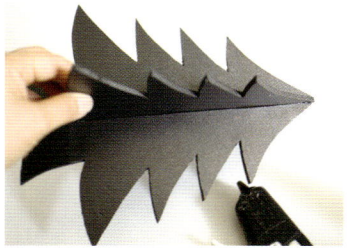

6　온전한 나무 모양 우드락에 5의 반 자른
우드락을 글루건을 이용해 붙인다.

습자지 꽃볼

난이도 ★★☆

1년 365일 축제 분위기가 나는 집을 꾸미고 싶다면, 혹은 베이비샤워,
돌잔치, 아이 생일 등에 사용하려면 꽃볼이 제격입니다.

● **준비물**

습자지(핑크색, 소라색, 흰색, 살구색) A4, B4 크기,
투명 테이프, 가위, 낚싯줄

완성 사이즈
A4 크기 지름 22cm
B4 크기 지름 30cm

색상은 각자 취향대로 선택해도 좋다.

1 습자지를 3등분 한 후 접는다.

2 3등분한 습자지를 반으로 다시 접고 1회 또 접는다.

3 총 12개의 접힌 면이 나오게 접는다.

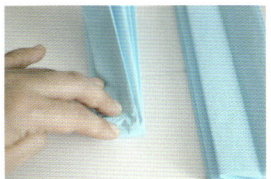

4 3의 중간 지점에서 한 번 접었다가 편다.

5 접은 자국이 난 부분에 투명 테이프로 한 바퀴 돌려 붙인다.

6 같은 방법으로 2개를 만든 뒤 습자지 접은 부분이 밖을 향하게 서로 반대 방향으로 놓고 투명 테이프로 두 개를 연결한다.

7 테이프로 붙인 부분에 낚싯줄을 두 바퀴 돌리고 테이프를 붙인다.

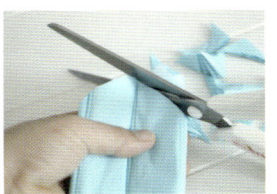

8 양끝을 사선으로 자른다.

9 습자지를 한 장 한 장 펼쳐 풍성하게 꽃 모양을 만든다. 꽃볼 1개에 습자지 10장이 필요하며 B4는 큰 사이즈에 A4는 작은 사이즈에 사용한다.

10 낚싯줄 고리가 위로 가게 한 뒤 꽃볼을 원하는 곳에 걸어준다.

북유럽은 겨울이 길어 일조량이 턱없이 부족해
실내 인테리어도 가급적 밝은 것을 선호합니다.
10가지 개성 있는 아이템들로
여러분의 가정도 따뜻하게 꾸며보세요.

PART 2

빛

L i g h t i n g

빛이

머핀컵 전등

난이도 ★★☆

덴마크 브랜드 노만 코펜하겐의 조명 라인에서
점등 시 은은하게 음영이 번지는 NORM03의
고급스러움은 정말 최고입니다.
저렴한 가격으로 비슷한 조명을 만들 수 있습니다.

● 준비물
빈티지창고 1등(손잡이닷컴 구입), 전등 작업에 필요한 공구(알루미늄 판, 충전 드릴, 원형 후렌치, 볼트), 전열 테이프, 가위, 한지 등(이케아 구입), 고정 철사, 종이 호일 머핀 컵 60~70개, 딱풀

완성 사이즈 지름 44cm

전등을 달 때는 전기차단기를 내리고 작업한다.

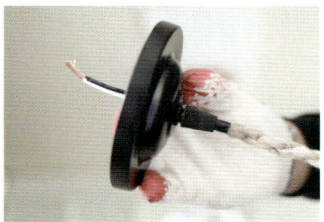

1 빈티지창고 1등과 전등 작업에 필요한 공구를 준비한다.

2 전등을 달 천장에 알루미늄 판을 대고 가운데 구멍으로 전선을 꺼낸다. 알루미늄 판은 충전 드릴로 천장에 고정한다.

3 전등과 연결된 전선 끝을 원형 후렌치 가운데 구멍으로 뺀다.

4 3번의 전선 끝과 2번의 천장에 있는 전선을 연결한다.

5 연결 부위를 전열 테이프로 돌돌 말아 감는다.

6 원형 후렌치를 알루미늄 판 위에 덮고 볼트를 끼워 천장에 고정한다.

한지 등을 먼저끼우고 머핀컵을 붙여야풀도 잘붙고 형태도 망가지지 않는다.

7 한지 등을 펴서 6의 전등을 안에 넣는다. 고정 철사를 끼워 한지 등이 움직이지 않게 고정시킨다.

8 종이 호일 머핀컵과 딱풀을 준비한다.

9 머핀 컵 바닥 바깥쪽에 풀을 바르고, 한지 등 아랫부분부터 틈이 보이지 않게 하나씩 붙인다.

잼병 조명등

난이도 ★★☆

북유럽에서는 멋진 조명등이 많지만 우리나라에서는 아직까지 조명등에 대한 관심이 많지 않은 것 같습니다. 잼병을 제대로 활용하면 고가의 조명등 부럽지 않은 작품이 탄생합니다.

● 준비물

전선(1.5m, 2m), 칼, 펜치, 플러그, 나사못, 드릴과 드릴비트, 잼 뚜껑, 잼병(큰 병 지름 10cm x 높이 17cm, 작은 병 지름 8cm x 높이 12cm), 전구와 소켓, 커터칼, 망치, 전열 테이프, 스테인드글라스 물감(검정색)

완성 사이즈
큰 병 : 지름 10cm x 높이 17cm
작은 병 : 지름 8cm x 높이 12cm

1 전선은 끝에서 3cm 정도 부분에 칼집을 낸다.

2 칼집이 난 전선 피복은 펜치를 이용해 벗긴다.

3 피복을 다 벗긴 전선 양쪽은 손가락으로 돌돌 말아 준다.

4 3번의 한쪽 끝 전선을 플러그 구멍에 깊숙이 넣는다. 플러그에 전선을 넣은 뒤에 나사못과 부속품을 드릴로 고정시킨다.

5 나머지 반쪽 플러그를 덮은 뒤에 나사못으로 고정시켜 플러그를 완성한다.

6 3번의 다른 한쪽 전선과 소켓의 연결을 위해 소켓에 연결된 전선 끝도 피복을 벗긴다.

안전을 위해 열이 배출될 구멍을 꼭 만든다.

7 드릴과 드릴비트를 이용해서 전선이 들어갈 큰 구멍을 잼 뚜껑에 2개 내고 열 배출용 작은 구멍은 여러 개 만든다.

8 잼병 뚜껑에 6의 소켓을 넣어준 뒤 소켓 전선과 등의 전선을 펜치를 이용해서 연결한다.

9 전열 테이프를 이용해서 전선이 보이지 않게 꼼꼼하게 돌돌 잘만다.

잼병 크기보다 작은 전구를 골라야 잼병 안에 들어간다.

10 같은 방법으로 2개를 만들고 뚜껑과 유리병을 연결해 잼병 조명등을 완성한다.

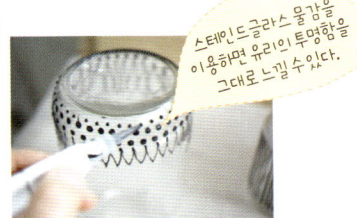

스테인드글라스 물감을 이용하면 유리의 투명함을 그대로 느낄 수 있다.

11 포인트를 주기 위해서 검정색 스테인드글라스 물감으로 패턴을 그린다.

빛 03

북유럽 촛대

난이도 ★ ☆☆

겨울이 길기 때문에 일조량이 턱없이 부족한 북유럽에서는 밝은 것을 선호합니다.
그래서인지 가정에서 촛대를 여러 개 구비하고 있습니다. 자신의 개성이 느껴지는 촛
대를 만들어 집안을 따뜻하게 꾸며 보세요.

● 준비물
철배관 이음새(철물점 구입), 붓, 초강력 젯소(벤자민무어), 흰색 페인트(벤자민무어 OC−17번 white dove), 아크릴 물감(검정색), 스테인리스 그릇(천원숍 구입) 2개, 스테인리스 타르트 용기(천원숍 구입) 2개, 초

완성 사이즈
큰 크기 촛대 : 지름 10cm x 높이 17cm
작은 크기 촛대 : 지름 8cm x 높이 12cm

1   구멍이 지름 2cm인 철배관 이음새를 4개 준비한다. 젯소를 칠한 뒤 마르면, 흰색 페인트를 2회 칠한다.

2   검정색 아크릴 물감으로 원하는 패턴을 그린다.

3   촛대 받침용으로 스테인리스 그릇과 스테인리스 타르트 용기를 2개씩 준비한다.

4   젯소를 꼼꼼하게 칠하고 말린다.

5   흰색 페인트를 칠하고 마르면 1회 더 칠한다.

6   검정색 아크릴 물감으로 패턴을 그린다.

7   6의 스테인리스 그릇 위에 2의 철배관 이음새를 올리고 초를 꽂는다.

삼각대
장스탠드

난이도 ★★★

장스탠드로 포인트를 주면 주변 가구의 밝기 조절도 되고 인테리어
효과도 아주 좋습니다. 사용하지 않는 카메라 삼각대와 주변에서 쉽게 구
할 수 있는 어레미만 있으면 멋진 장스탠드를 만들 수 있습니다.

● 준비물

카메라 삼각대, 드릴, 드릴비트, 전선(약 1.5m), 칼, 펜치, 전선, 원형 소켓(전파사
구입), 플러그(전파사 구입), 와이어 갓(철물점 구입), 원형 나무 체(어레미), 붓,
검정색 페인트(벤자민무어 2132-10번 black), 흰색 페인트(벤자민무어 OC-17번
white dove), 휴지심, 미니 나무 집게

완성 사이즈 가로 50cm x 세로 128cm x 폭 30cm

1 카메라 삼각대 윗부분에 전선이 들어갈 수 있도록 드릴비트로 구멍을 2개 뚫는다. 준비한 전선의 끝 부분 피복을 칼과 펜치를 이용해 제거하고 2개의 구멍에 전선을 밑에서 위로 넣는다.

2 1번의 구멍에 원형 소켓을 올리고 원형 소켓에 난 구멍으로 1번 전선을 빼고 펜치로 전선을 연결한다.

3 원형 소켓에 캡을 씌운다.

4 플러그 연결을 위해 소켓 반대쪽 전선의 끝 부분 피복을 칼과 펜치를 이용해 제거한다.

전구를 꽂은 소켓이 있으면 전기를 꽂는 플러그도 필요하다.

5 4번의 전선을 플러그 구멍 안에 넣고 드릴로 나사를 조인다.

6 전선이 연결되면 플러그에 전선을 Y자가 되게 넣는다.

7 플러그 캡을 씌우고 드릴로 조인다.

8 와이어 갓을 원형 소켓에 끼우고 충전 드릴로 고정시킨 후 전구를 끼운다.

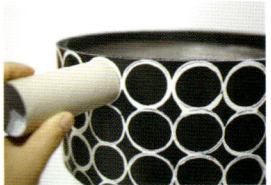

9 원형 나무 체에 검정색 페인트를 칠하고 말린다.

10 휴지심 끝 부분에 흰색 페인트를 묻힌다.

11 휴지심으로 무늬를 찍듯 일정한 간격으로 9의 원형 나무 체에 패턴을 찍는다.

12 8의 와이어 갓 끝 부분을 꽃 모양으로 펼치고, 11의 원형 나무 체를 올린 후, 안쪽 철망과 와이어 갓을 나무집게로 고정시킨다.

계란판 조명등

난이도 ★★☆

크리스마스 트리에 전등을 달곤 하는데 계란판으로도 그런 조명등을
만들 수 있어요. 허전한 벽에 포인트로 걸어 놓아도 예쁘답니다.

● 준비물

계란판 3개, 가위, 송곳, 흰색 페인트(벤자민무어 OC–17번 white dove), 붓, 크리스마스 트리용 전구, 실핀

완성 사이즈 (계란 꽃 1개 기준)
지름 6.5cm x 높이 5cm x 전구 선 길이 430cm

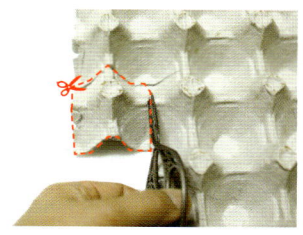

1 계란판을 꽃 모양으로 자른다. 큰 가위 보다는 작은 가위를 이용하는 것이 편하다.

2 20~25개 정도 만든다.

3 움푹 들어간 뾰족한 부분에 송곳으로 구멍을 낸다. 옆부분도 송곳으로 구멍을 뚫어 패턴을 만든다.

4 모서리도 가위로 동그랗게 잘라 마무리 한다.

5 꽃잎을 밖으로 향하게 손가락으로 편다.

흰색 계란판을 사용하면 페인팅을 하지않아도 된다.

6 5의 꽃 겉과 속을 흰색 페인트로 꼼꼼 하게 칠한다.

7 계란꽃 하나에 크리스마스 트리용 전 구 4개가 들어가게 넣는다.

8 전선을 두 겹으로 접은 뒤에 원하는 곳 에 옷핀으로 고정시킨다.

삼구 촛대

난이도 ★★☆

북유럽 소품의 매력인 미니멀한 디자인,
군더더기 없이 딱 떨어지는 심플함을 담고 있는 삼구 촛대입니다.

● 준비물

촛대 3개(천원숍 구입), 냄비 뚜껑 1개, 자투리 각재(① 가로 3cm x 세로 7.5cm x 두께 3cm 3개 ② 가로 3cm x 세로 26cm x 두께 3cm 1개 ③ 가로 3cm x 세로 15.5cm x 두께 3cm 1개), 목공 본드, 망치, 못, 드릴, ㄱ자 꺽쇠, 붓, 초강력 젯소(벤자민무어), 아크릴 물감(검정색, 흰색)

완성 사이즈 가로 29cm x 세로 29.5cm x 두께 12cm

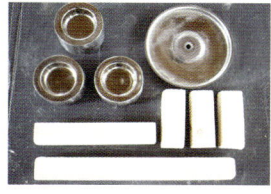

1 촛대 3개, 냄비 뚜껑 1개, 자투리 각재를 준비한다.

2 촛대 바닥은 MDF 합판으로 되어 있어서 망치로 톡톡 두들겨 한쪽을 누르면 쉽게 떨어진다.

3 촛대에서 떼어 낸 MDF합판에 목공 본드를 바르고 망치를 이용해 각재 ①에 못으로 박는다.

4 3번의 MDF 합판 원형 바닥에 목공 본드를 발라 촛대에 다시 넣는다. 같은 방법으로 3개를 만든다.

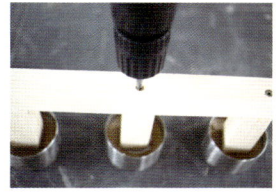

5 4에서 만든 3개의 촛대를 일렬로 가로로 놓고 각재 ②를 위에 올려 드릴을 이용해 나사못을 박는다.

6 냄비 뚜껑 손잡이 부분을 떼어 낸 후, 목공 본드를 바른 뒤 ③의 각재를 붙인다.

7 6을 뒤집어 손잡이를 떼어 생긴 구멍에 드릴로 나사못을 박는다.

8 삼구 촛대와 다리를 연결하기 위해 연결 부위에 목공 본드를 바른다.

9 목공 본드를 바른 후 연결 부위에 ㄱ자 꺽쇠를 드릴을 이용해 나사못을 박는다.

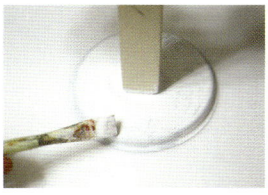

10 완성된 삼구 촛대에 전체적으로 젯소를 1회 칠하고 말린다.

11 검정색 아크릴 물감을 칠하고 말린 후, 1회 더 칠한다.

12 원하는 곳에 흰색 아크릴 물감으로 선을 그어 북유럽 느낌을 표현한다.

감성
양초

난이도 ★☆☆

탈취 효과도 있고 인테리어 효과도 낼 수 있는 양초를 만들었습니다.
핀란드 브랜드 마리메꼬의 패브릭에 자주 등장하는 꽃 패턴을 그리면
북유럽 느낌 물씬 나겠죠.

● 준비물

핫플레이트(또는 휴대용 가스레인지), 비커, 소이 왁스(젤캔틀샵 구입), 나무젓가락, 향료, 공병(유리병), 양초 심지, 가위, 투명 스티커, 패브릭 스티커, 초강력 젯소(벤자민무어), 흰색 페인트(벤자민무어 OC-17번 white dove), 분홍색 페인트(벤자민무어 2076-20 royal flush), 오렌지색 페인트(벤자민무어 2169-30번 oriole), 도트펜

완성 사이즈
큰 사이즈 : 지름 6cm x 세로 9cm
작은 사이즈 : 지름 4.4 x 높이 4.2cm

소이왁스 1kg 기준으로 200g 용기 4~5개를 만들 수 있다.

왁스 1kg에 향료 50~100ml가 적당하다.

1 핫플레이트(또는 휴대용 가스레인지는 중탕)에 물기를 제거한 비커를 올린다.

2 비커에 소이 왁스를 조금씩 넣어 나무젓가락으로 저어 가며 녹인다.

3 소이 왁스가 다 녹으면 향료를 넣는다.

4 유리병을 깨끗이 씻어 물기를 제거한다.

5 양초 심지는 3의 촛물에 2초 정도 담근 뒤 빼준다. 이렇게 하면 심지에 힘이 생겨 고정할 때 좋다.

6 유리병 높이보다 1~2cm 길게 자른 양초 심지를 나무젓가락에 끼워 고정시킨다.

7 3의 소이 왁스를 병의 80%만 채운다.

8 양초가 하얗게 굳으면 심지를 1~1.5cm만 남기고 가위로 자른다.

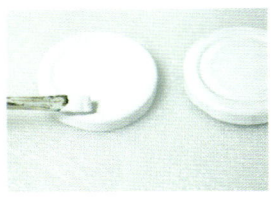

9 공병에는 투명 스티커를 붙이거나 패브릭 스티커를 플래그 모양으로 잘라 붙인다.

10 공병 뚜껑에는 젯소를 칠하고 마르면 1회 더 칠한다.

11 원하는 색으로 뚜껑을 꾸민다.

수도꼭지 스탠드

난이도 ★★★

수도꼭지를 이용해서 멋진 스탠드를 만들 수
있습니다. 물을 트는 대신에 전기를 트는 기분
으로 스탠드를 점등해 보세요.

● 준비물

코브라 수도꼭지, 전선(2m), 드릴과 드릴비트, 홍삼 상자, 직소기, 자투리 나무(① 판재 : 가로 15cm x 세로 10cm x
두께 2cm ② 각재 : 가로 3cm x 세로 18cm x 두께 3cm), 드릴, 드릴비트, 펜치, 검정색 테이프, 알루미늄 전등 갓,
니퍼, 글루건과 심, 초강력 젯소(벤자민무어), 철부식 페인트와 부식액, 진한 노란색 페인트(벤자민무어 2018–30번
citrus blast), 아크릴 물감(검정색), 붓, 도트펜, 펜치, 연필, 볼펜

완성 사이즈 가로 45cm x 세로 35cm x 두께 13cm

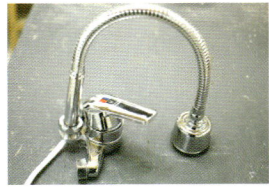

1 코브라 수도꼭지를 준비한다.

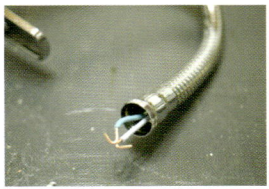

2 수도꼭지 안에 있는 고무 호스를 제거하고 전선을 넣는다.

3 전선을 빼기 위해 수도꼭지 아래쪽에 드릴비트로 구멍을 내고 전선을 꺼낸다.

4 홍삼 상자 위에 수도꼭지 스위치가 올라오도록 수도꼭지 몸체만큼 직소기로 구멍을 낸다.

5 수도꼭지 몸체를 홍삼 상자 안에 끼운다.

6 5의 수도꼭지를 고정시키기 위해 ①과 ②의 나무를 홍삼 상자 안쪽에 넣고 드릴로 고정시킨다.

7 수도꼭지 물조절기는 전선이 들어가기에 좁으므로 드릴비트로 구멍을 크게 뚫어준 뒤 전선이 들어가는지 확인한다.

8 피복 벗긴 소켓을 물조절기 구멍에 넣어서 빼준 뒤 펜치로 2의 전선과 연결하고 검정색 테이프로 마감한다. 전선을 수도꼭지 아랫부분에서 최대한 잡아당겨 연결된 부분에 전선이 물조절기 안에 들어가도록 한다.

9 알루미늄 전등갓 끝 부분을 니퍼로 잘라주고 물조절기에 글루건으로 고정시킨 뒤 검정색 테이프로 마감한다.

10 젯소를 칠하고 마르면 1회 더 칠한다.

11 철부식 페인트를 바르고 마르면 부식액을 발라 부식시킨다.

12 부식액이 마르면 진한 노란색 페인트를 2회 칠하고 원하는 패턴을 연필로 밑그림을 그리고 아크릴 물감으로 칠한다. 도트펜으로 도트를, 선은 볼펜으로 그린다.

요요 가리개

난이도 ★ ☆ ☆

햇살의 따스함을 그대로 전하는 요요 가리개는
자투리 천을 이용해서 만들 수 있습니다.
조그만 문 가리개나 덮개로 활용할 수 있어요.

● 준비물

켄트지, 펜, 가위, 네스홈 커트지, 데일리라이크 커트지,
실, 바늘, 나뭇가지, 글루건, 미니 나무집게, 지끈

완성 사이즈
요요(35개) : 가로 22cm x 세로 32.5cm
걸이에 걸었을 때 : 가로 44cm x 세로 60cm

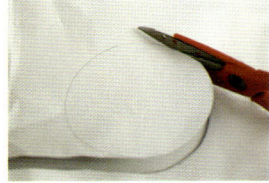

1 켄트지에 지름 7cm 원을 그려 도안을 만든다.

2 원형 도안을 천 뒷면에 대고 볼펜으로 그린다. 두꺼운 천보다는 얇은 천이 바느질도 편하고 요요도 예쁘게 만들어진다.

3 밑그림대로 천을 자른다.

4 시접으로 1cm 부분을 접어서 듬성듬성 홈질을 한다.

5 실을 잡아당겨 가운데가 주름이 지게 해주고 깔끔하게 매듭지어 마무리한다.

6 다양한 천을 이용해 요요를 여러 개 만든다.

7 주름 잡힌 가운데 구멍으로 바늘을 넣어 요요 테두리 쪽 가운데로 바늘이 나오게 해서 다른 요요와 연결한다.

8 두 번 감침질하고 실 끝을 깔끔하게 마무리한다.

9 5개를 한 줄이 되도록 연결하고 사진처럼 7개를 만든다.

10 35개의 요요를 연결해 완성한다.

11 나뭇가지에 글루건을 이용해 미니 나무집게를 붙이고 나뭇가지 양쪽을 지끈으로 묶는다.

12 요요를 집게로 고정시킨 후 원하는 곳에 건다.

집 모양
촛대

난이도 ★★☆

자투리 나무만 있으면 쉽게 만들 수 있는 아이템이 오너먼트입니다.
제가 특히 좋아하는 것은 예쁜 집 모양 오너먼트인데
이를 활용해 촛대를 만들어 보세요.

● 준비물

자투리 나무(가로 12cm x 세로 9cm x 두께 3cm), 원형톱(혹은 일반톱), 직소기, 드릴과 드릴비트(혹은 나사못),
흰색 페인트(벤자민무어 OC-17번 white dove), 그린민트색 페인트(벤자민무어 578번 florida keys),
민트색 페인트(벤자민무어 753번 santa clara), 노란색 페인트(벤자민무어 2018-30번 citrus blast),
오렌지색 페인트(벤자민무어 2169-30번 oriole), 파란색 페인트(벤자민무어 2065-30번 brillant blue),
스텐실용 창문 도안(부록에 수록), 아크릴 물감(검정색), 스텐실붓, 케이크 초

원형톱이 없다면 일반톱을 사용한다.

1 자투리 나무는 지붕 부분을 40도 각도로 눕혀서 원형톱으로 절단한다.

공구가 없다면 굳이 구멍을 내지 않아도 된다.

2 아랫 부분을 정사각형이 되게 잘라 문 형태를 만든다.

완성 사이즈 가로 12cm x 세로 9cm x 두께 3cm

3 같은 방법으로 여러 개 만든다.

드릴비트가 없다면 나사못을 여러번 박는다.

4 드릴과 드릴비트로 구멍을 뚫어 촛대 구멍을 만든다.

5 흰색, 그린민트색, 민트색, 노란색 페인트를 각각 1회씩 칠하고 말린다.

부록 도안을 대고 밑그림을 그린다.

6 직접 만든 창문 도안에 아크릴 물감 검정색을 이용해서 스텐실붓으로 톡톡 두드려서 창문을 표현한다.

7 지붕에 도트와 물결 무늬, 지붕 무늬를 그려 포인트를 준다.

8 4번에서 구멍 부분에 케이크 초를 꽂는다.

컬러풀한 색채도 북유럽 아이템의 특징이지만
모던함과 세련함을 대표하는 컬러는
화이트와 블랙이라고 생각합니다.
색감을 잘 매칭해서 세련된 아이템을 만들어 보세요.

PART 3

모던 & 세련

Modern & Sophisticated

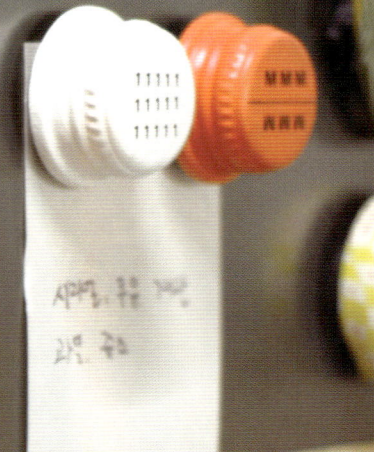

북유럽 가정에서는 추억이 담긴 사진들을 냉장고에 많이 붙여 놓습니다.
이때 필요한 것이 냉장고 자석입니다. 가족끼리 대화의 장이 될 수 있는
냉장고를 예쁘게 꾸며 보세요.

● 준비물

우드락(검정색), 병뚜껑, 연필, 칼, 글루건과 심, 동그란 자석, 가위, 초강력 젯소(벤자민무어),
민트색 페인트(벤자민무어 753번 santa clara), 노란색 페인트(벤자민무어 2018-30번 citrus blast),
오렌지색 페인트(벤자민무어 2169-30번 oriole), 흰색 페인트(벤자민무어 OC-17번 white dove),
붓, 이니셜 스티커, 패브릭 스티커(데일리 라이크 구입), 마스킹 테이프

완성 사이즈
병뚜껑 크기 : 지름 3cm x 두께 1.5cm, 지름 4cm x 두께 1cm
자석 크기 : 지름 4cm x 두께 0.8cm

1 우드락에 병뚜껑을 대고 원을 3개 그
린다.

2 밑그림대로 우드락을 칼로 재단한다.

3 재단한 우드락을 병뚜껑 안쪽에 글루
건으로 붙인다.

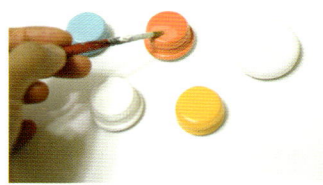

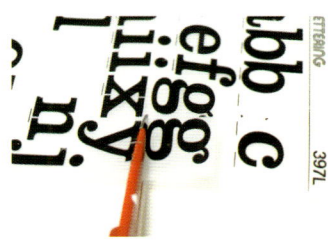

4 우드락 위에 글루건으로 자석을 붙인다.

5 병뚜껑 윗면은 젯소를 바른 후, 마르면
1회 더 칠하고 원하는 색으로 페인팅한다.

6 이니셜 스티커를 가위로 오린다.

7 납작한 도구로 글씨를 긁으면 스티커
가 새겨진다.

8 스티커, 물감, 패브릭 스티커, 마스킹
테이프 등으로 다양하게 표현한다.

오각형
입체 모빌

난이도 ★★☆

종이로 만드는 평면적인 모빌이 아닌 역동적이고
입체적인 모빌입니다. 바람의 방향에 따라 이리저리
흔들리는 모습이 사랑스럽습니다.

● **준비물**

검정색 빨대 30개, 가위, 글루건, 낚싯줄, 컵후크 2.8cm, 펜치, 옷걸이, 9자말이 노우즈

완성 사이즈
모빌 크기만 : 가로 28cm x 세로 28cm
옷걸이 포함 시 : 가로 28cm x 세로 80cm

1 빨대 30개 양끝을 가위로 60 각도로 자른다.

2 글루건으로 빨대 3개를 연결해 삼각형 모양을 만든다. 같은 방법 으로 삼각형 7개를 만든다.

3 삼각형 모양 7개, 1자 빨대 9개 를 준비한다.

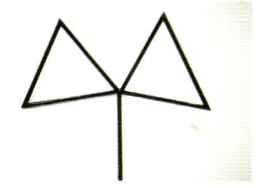

4 삼각형 두 개를 붙인 접점에 1자 빨대 하나를 글루건으로 붙인다.

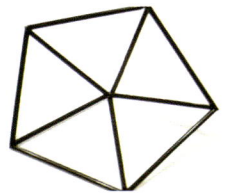

5 빈 공간에 1자 빨대 3개를 더 붙 여 오각형을 완성한다.

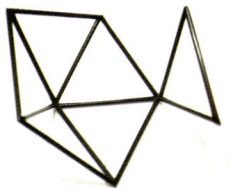

6 오각형 모서리마다 삼각형 모 양 빨대를 붙인다.

7 삼각형을 글루건으로 붙여 윗 부분이 오각형이 되게 만든다.

8 오각형으로 만든 후, 7의 모서 리마다 1자 빨대를 붙이고 꼭지점 하나로 모은다.

9 한데 모은 빨대를 글루건으로 붙인다. 이 꼭짓점에 낚싯줄을 달 아 적당히 매듭 지은 후, 글루건으 로 붙인다.

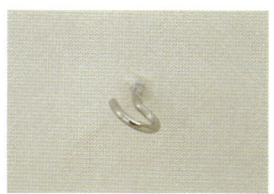

10 컵후크를 펜치로 돌려 천장 에 박는다.

11 옷걸이를 펜치로 잘라 9자말 이 노우즈로 동그랗게 말아준다.

12 11의 옷걸이에 낚싯줄을 단 9의 모빌을 걸어 천장의 컵후크에 단다.

우드락 액자

난이도 ★ ☆ ☆

우드락으로 만든 액자 프레임에 직접 그린 북유럽풍 그림을 붙여
나만의 액자를 만들어 보세요. 간단하지만 세련된 아이템입니다.

● 준비물
A4용지 크기 켄트지, 연필, 플러스펜(혹은 네임펜), 지우개,
우드락(검정색), 자, 칼, 딱풀, 흰색 실, 글루건과 심, 실핀

완성 사이즈 가로 12cm x 세로 19cm x 두께 0.5cm

1 켄트지 A4용지를 반으로 접는다.

2 연필로 원하는 그림을 그린다.

3 밑그림 위에 플러스펜으로 그림을 그리고 밑그림은 지우개로 지운다.

4 엽서 크기로 우드락을 재단한다.(① 가로 1.5cm x 세로 10cm 2개, ② 가로 1.5cm x 세로 15cm 2개)

5 재단한 4의 우드락에 딱풀을 칠한다.

풀이 다 마른 뒤에 벽에 걸어야 떨어지지 않는다.

6 5의 우드락을 그림 주변에 적당하게 배치해 붙인다.

7 자와 칼로 자투리 켄트지를 오려 가장자리를 정리한다.

8 흰색 실로 고리를 만들어 켄트지 뒷면에 글루건으로 붙인다.

9 원하는 곳에 실핀으로 고정한다.

우산
메모 꽂이

난이도 ★ ☆☆

인생에서 가장 큰 재산은 추억이 아닐까요.
추억을 회상할 수 있는 사진, 여행 티켓 등 다양한 아이템을
꽂아 놓을 수 있는 메모꽂이입니다.

● **준비물**
못 쓰는 3단 우산, 가위, 와인병,
미니 우드 집게, 못, 망치

완성 사이즈 가로 35cm x 세로 57cm x 두께 32cm

우산대가 검정색이고
녹이 슨 우산이
더 멋지다.

1 못 쓰는 3단 우산을 준비한다.

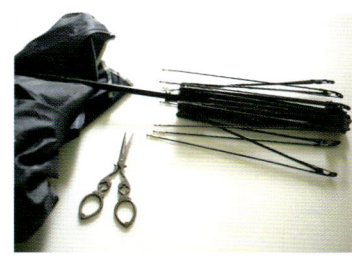

2 가위로 우산 천을 제거한다.

3 준비한 와인병에 우산대를 넣는다.

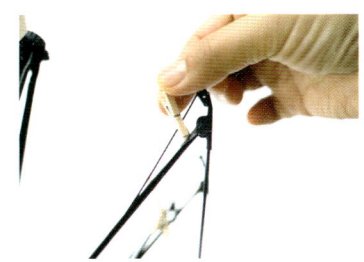

4 미니 우드 집게를 우산살 윗부분에 집는다.

5 미니 우드 집게를 아랫부분에도 집는다.

6 기억하고 싶은 메모지, 엽서, 사진 등을
건다.

우유 팩 로봇

난이도 ★☆☆

재활용에 일가견이 있는 북유럽 사람들은 아이들 옷, 장난감을 직접 만들어 준다고 하죠.
북유럽 벽지나 침구, 원단에 자주 등장하는 장난감 로봇을 만들어 보세요.

● 준비물
우유 팩(200㎖ 용량) 여러 개, 북유럽풍 포장지(데일리라이크 구입), 칼, 풀, 종이컵, 휴지
심, 가위, 단추, 빨대, 주스 병뚜껑, 화장품 샘플 뚜껑, 병뚜껑

완성 사이즈 가로 10cm x 세로 17.5cm x 두께 7.5cm

1 우유 팩을 깨끗이 씻어서 말린 후, 입구를 가로로 자른다.

2 포장지는 우유 팩 높이만큼 칼로 자른다.

3 풀칠을 한 포장지를 우유 팩에 붙인다.

4 우유 팩 입구도 깔끔하게 접어서 풀로 꼼꼼하게 붙인다.

5 로봇 다리는 종이컵으로 만든다. 종이컵은 밑에서 3cm 높이로 가위로 자른다.

종이컵의 윗지름과 아래 지름이 다르기때문에 칼집을 넣는다.

6 포장지는 폭의 중간 지점까지 칼집을 낸 뒤 풀을 발라 종이컵에 붙인다.

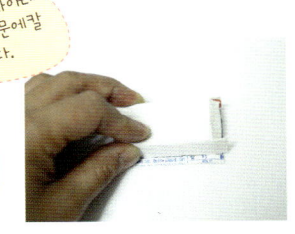

7 로봇 머리를 만들기 위해서 우유 팩을 가로 8.5cm x 세로 6cm x 폭 1cm로 잘라서 사진처럼 직사각형 박스가 되게 접는다.

8 7의 머리 부분에도 포장지를 붙인다.

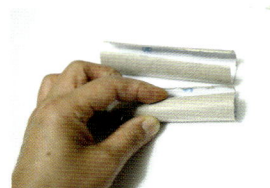

9 휴지심 하나를 반으로 자른 후 돌돌 말아서 팔을 2개 만든다.

10 팔에도 포장지를 붙이고 로봇 손을 나타내기 위해 끝 부분은 가위로 ㄷ자로 자른다.

11 다리가 되는 종이컵을 글루건으로 우유 팩 바닥에 붙인다.

12 팔과 머리를 글루건으로 붙이고 로봇 눈에는 단추를, 빨대로 머리를, 화장품 샘플 뚜껑과 주스 병 뚜껑으로 몸체를 꾸민다.

2단 케이크 스탠드

난이도 ★☆☆

덴마크 리빙 브랜드 펌리빙의 절제된 세련미가 느껴지는 삼각, 사각 패턴은
전 세계에서 사랑받고 있는 것 같아요. 펌리빙 특유의 패턴을 일회용 접시에
구현해 케이크 스탠드를 만들어 보았습니다.

● 준비물

일회용 접시 2개, 검정색 테이프, 칼, 가위, 목봉(지름 2cm x 길이 17cm), 아크릴 물감(검정색), 스텐실붓, 글루건과 심, 드릴, 나사못

완성 사이즈 지름 22.5cm x 높이 18cm

1 일회용 접시를 준비한다.

2 검정색 테이프를 정사각형 모양으로 칼로 잘라 배치한다.

3 가운데를 중심으로 바둑판 모양으로 배열하면서 전체를 채우고 접시 바깥으로 튀어나온 부분은 가위로 자른다.

4 테이프 모양은 취향에 따라 변형해도 된다. 정사각형으로 자른 테이프를 반으로 잘라 삼각형 모양으로 붙여도 좋다.

5 목봉에 검정색 아크릴 물감을 스텐실붓으로 2회 칠한다.

6 5의 목봉 끝에 글루건으로 4의 접시를 붙인다.

7 6의 접시 바닥에 드릴로 나사못을 박아서 목봉과 접시를 연결한다.

8 3의 접시를 목봉 위에 얹고 드릴로 나사못을 박는다.

1단 스탠드는 일회용 접시하나를 와인잔에 글루건을 붙여만든다.

9 목봉을 가운데에 놓고 접시 두 개를 연결한다.

패브릭 액자

난이도 ★★☆

천을 벽에 걸어 장식하는 태피스트리는 북유럽에서 흔한 인테리어 아이템입니다.
천만 거는 것이 허전하다면 각목으로 프레임을 만들어 붙여 보세요.

● 준비물

각재 4개(액자 1개 분량), 각도재, 톱, 220방 사포, 목공 본드, 건타카, 전기타카, 파란색 페인트(벤자민무어 2065–30번 brilliant blue), 노란색 페인트(벤자민무어 2018–30 citrus blast), 오렌지색 페인트(벤자민무어 2169–30번 oriole), 스칸디나비아 커트지 (네스홈 구입), 캔 뚜껑, 드릴

완성 사이즈
큰 크기 액자 : 가로 44.5cm x 세로 34cm x 두께 3cm
중간 크기 액자 : 가로 31.5cm x 세로 34cm x 두께 3cm
작은 크기 액자 : 가로 24cm x 세로 30cm x 두께 3cm

1 준비한 천 크기에 맞춰 각재를 4개(가로용 2개, 세로용 2개) 준비한다. 각도재와 톱을 이용해 양 끝 부분을 45도로 톱질한다.

2 220방 사포로 다듬는다.

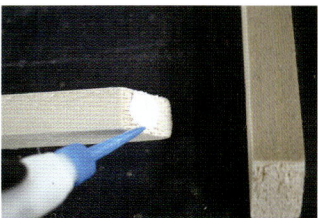

3 각 면의 이음새에 목공 본드를 발라 나무를 잇는다.

4 본드로 붙인 후 뒷면에는 건타카를 박아 단단히 고정시킨다.

5 측면은 전기타카로 고정시킨다.

6 사이즈별로 액자 틀을 만들어 앞면과 측면에 원하는 색의 페인트를 칠하고, 완전히 마른 뒤 1회 더 칠한다.

7 커트지 끝 부분을 안쪽으로 1cm 접는다.

8 액자 틀을 뒤집고 커트지를 팽팽하게 잡아당겨 건타카로 박는다.

9 액자 틀 뒷면 상단에 캔 뚜껑을 드릴로 박아 고리를 만든다.

모던&세련 08

나무집게 거울

난이도 ★☆☆

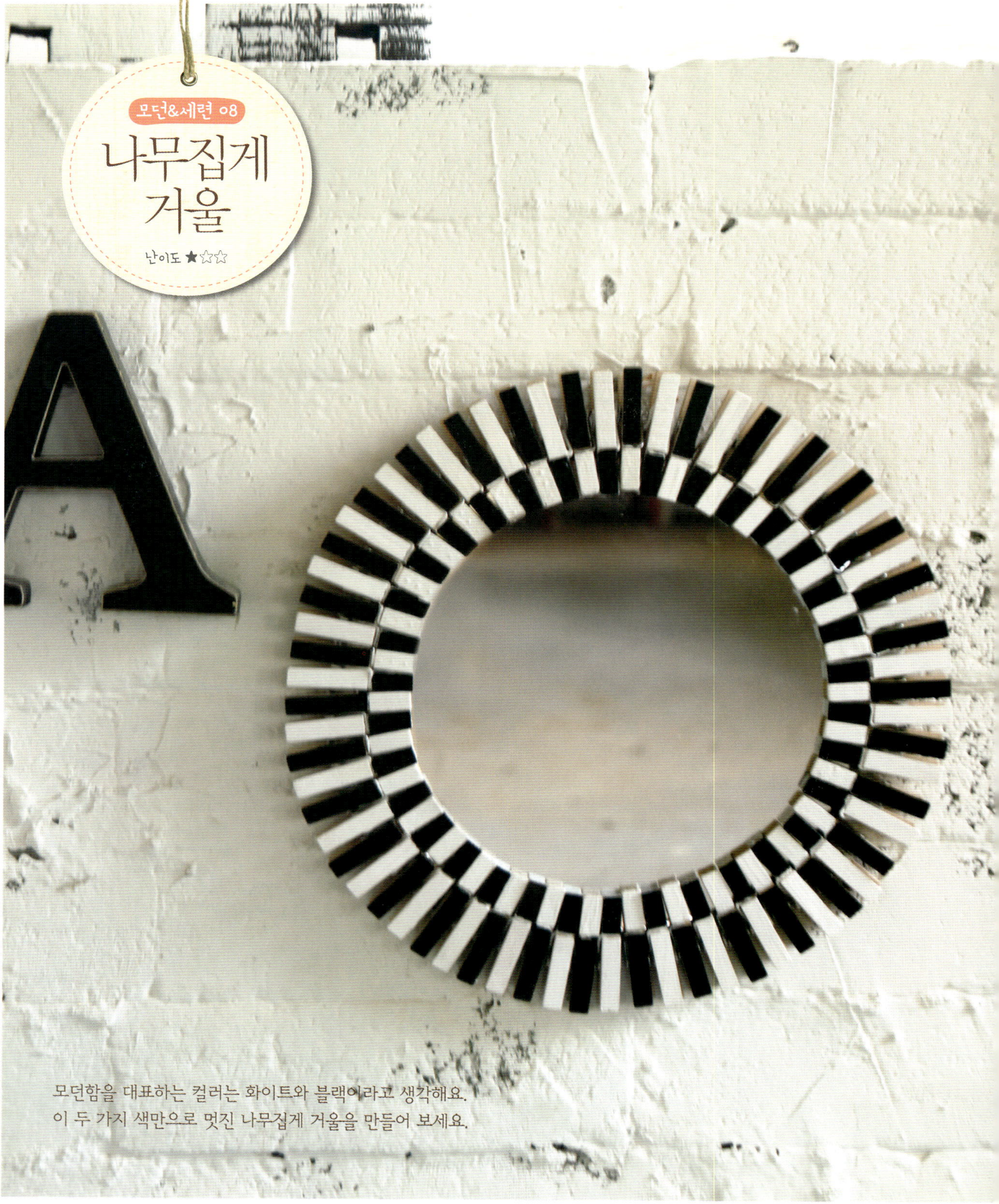

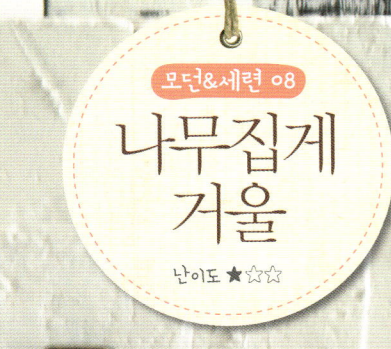

모던함을 대표하는 컬러는 화이트와 블랙이라고 생각해요.
이 두 가지 색만으로 멋진 나무집게 거울을 만들어 보세요.

● 준비물

원형 거울(지름 19cm), 나무집게, 아크릴 물감(흰색, 검정색), 평붓, 인조가죽 끈, 글루건

완성 사이즈 지름 24cm x 두께 1cm

두꺼운 종이에 나무집게를 집고 페인팅을 하면 쉽다.

1 원형 거울을 준비한다.

2 나무집게가 몇 개 필요한지 거울에 둘러 개수를 파악한다.

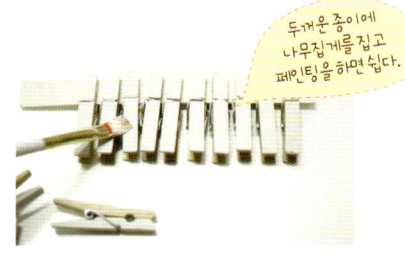

3 집게 앞쪽만 페인트로 칠한다.

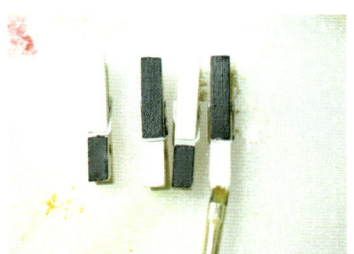

4 평붓을 이용해 검정색과 흰색 아크릴 물감을 번갈아 칠한다.

5 페인트가 마르면 나무집게를 거울 테두리에 둘러가며 집는다.

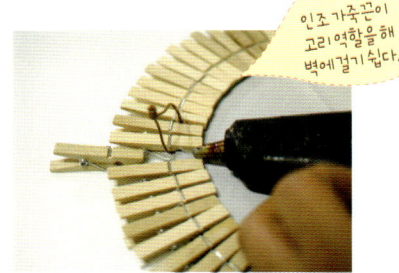

인조 가죽끈이 고리 역할을 해 벽에 걸기 쉽다.

6 나무집게 3개 사이에 얇은 인조 가죽 끈을 넣고 글루건으로 고정시키고 벽에 건다.

유명 시계 디자이너인 조지 넬슨의 독특한 시계 디자인만큼
독특한 휴지심으로 만든 벽걸이 시계입니다.

● 준비물

휴지심 6개, 가위, 검정색 테이프, 사탕 깡통(지름 7cm), 글루건, 사탕 통 뚜껑, 드릴,
나사못, 니퍼, 시계 무브, 초강력 젯소(벤자민무어), 아크릴 물감(검정색, 흰색),
시침, 분침, 초침, 아이스크림 막대

완성 사이즈
지름 27cm x 두께 3cm

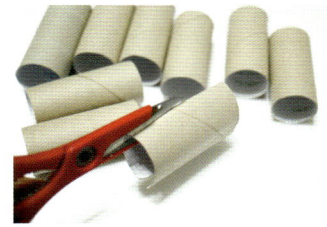

1 가위로 휴지심을 반으로 자른다.

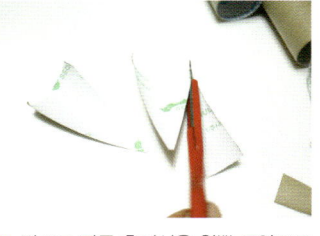

2 반으로 자른 휴지심을 원뿔 모양으로 자른다.

3 휴지심을 원뿔 모양으로 말아 검정색 테이프로 돌돌 만다.

12시, 3시, 6시, 9시방향으로 4개를 우선 붙이고 그사이에 두개씩 붙이면 쉽다.

4 사탕 깡통을 가운데 두고 휴지심을 적당한 간격으로 배치해 글루건으로 휴지심을 붙인다.

5 사탕 깡통 뚜껑은 드릴과 나사못으로 가운데 구멍을 뚫고 시계 무브를 넣을 공간은 니퍼로 구멍을 낸다.

6 젯소를 바르고 마르면 검정색 아크릴 물감을 2회 칠한다.

7 시침, 분침, 초침 순으로 시곗 바늘을 끼운다. 아이스크림 막대에 검정색 아크릴 물감을 칠한 후, 시침, 분침에 글루건으로 붙인다.

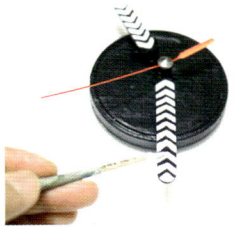

8 흰색 아크릴 물감으로 시침, 분침에 패턴을 칠한다.

9 드릴과 나사못을 이용해 사탕 깡통 몸통 가운데에 구멍을 내고 드릴로 벽에 박아 고정시킨 후, 뚜껑을 덮어 완성한다.

파티
플래그

난이도 ★ ☆☆

자투리 천을 이용해 만든 파티플래그는
북유럽의 어린이 방에서 흔히 볼 수 있습니다. 자투리 천이 없다면
북유럽 패턴이 그려진 팰트를 이용하면 더 쉽습니다.

● **준비물**
북유럽 패턴(디웨이 팰트 구입), 가위, 회색 리본, 침핀

완성 사이즈
파티 플래그 1개 크기 : 가로 12cm x 세로 14cm
연결 시 전체 크기 : 가로 224cm x 세로 14cm

1 북유럽 패턴이 들어간 팰트를 준비한다.

2 깃발 모양으로 오린다.

3 각양각색의 패턴을 오려 여러 개 준비한다.

4 짧은 면의 모서리 부분을 1cm 접은 뒤에 가위로 0.5cm 자른다.

5 4에서 생긴 홈에 리본을 끼워서 옆의 파티플래그를 연결한다.

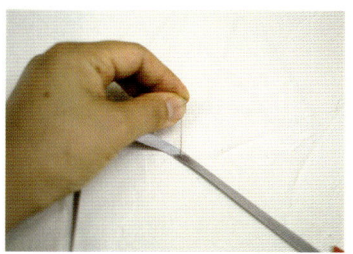

6 침핀으로 원하는 곳에 고정한다.

나무를 사랑하는 북유럽에서는
쉽게 나무를 버리지 않고 재활용하는 것이 익숙한 일입니다.
나무뿐 아니라 많은 물건들을 재활용해
유용한 소품을 만들어 보세요.

PART 4

빈티지

Vintage

도나 윌슨의 우스꽝스럽지만 매력 넘치는 수제 인형을 굉장히 좋아합니다.
인형이 귀했던 시절, 안 입는 옷으로 인형을 만들곤 했던 기억을 더듬어
세상에 하나뿐인 인형을 만들어 보았습니다.

● 준비물

안 쓰는 니트 모자, 가위, 바늘, 실, 니트 목도리, 솜, 펜, 단추

완성 사이즈 가로 25cm x 세로 34cm x 두께 4.5cm

1 지름 18cm의 동그란 모양 2개를 만든다.

2 동그라미 끝끼리 마주 대고 시접분 1cm 정도의 창구멍만 남기고 박음질한다.

3 창구멍으로 뒤집어 솜을 최대한 많이 넣어 몸체를 만든다. 공그르기로 창구멍을 막는다.

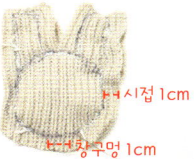

4 목도리 가로 10cm x 세로 12cm크기 얼굴과 귀를 펜으로 그리고 시접분 1cm를 남기고 오린다. 목 부분에 창구멍을 남기고 박음질한다.

5 창구멍으로 뒤집고 머리에 솜을 넣은 후, 공그르기하고 창구멍을 막는다.

6 몸통과 머리를 숨뜨기로 연결한다.

7 목도리를 잘라 다리 2개(가로 7cm x 세로 16cm), 팔 2개(가로 5cm x 세로 13cm)를 만든다.

8 팔과 다리 부분은 반으로 접은 뒤 시접을 1cm 남기고 박음질한다.

9 시접을 가운데로 가게 한 후, 펼쳐 끝 부분을 박음질한다.

10 펜으로 팔과 다리 부분을 뒤집는다.

11 팔과 다리는 숨뜨기로 몸통에 연결한다.

12 얼굴에는 단추 2개를 달아 눈을 표현한다.

빈티지 02

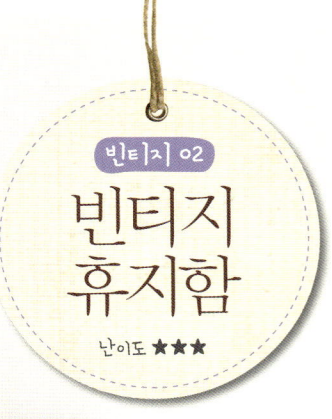

빈티지 휴지함

난이도 ★★★

빈티지 아이템을 만들 때는 페인트가 벗겨진 느낌을 살리는 게 관건입니다.
칠판 페인트로 마감해서 유행에 맞춰 패턴을 자주 바꾸면 더욱 좋겠죠.

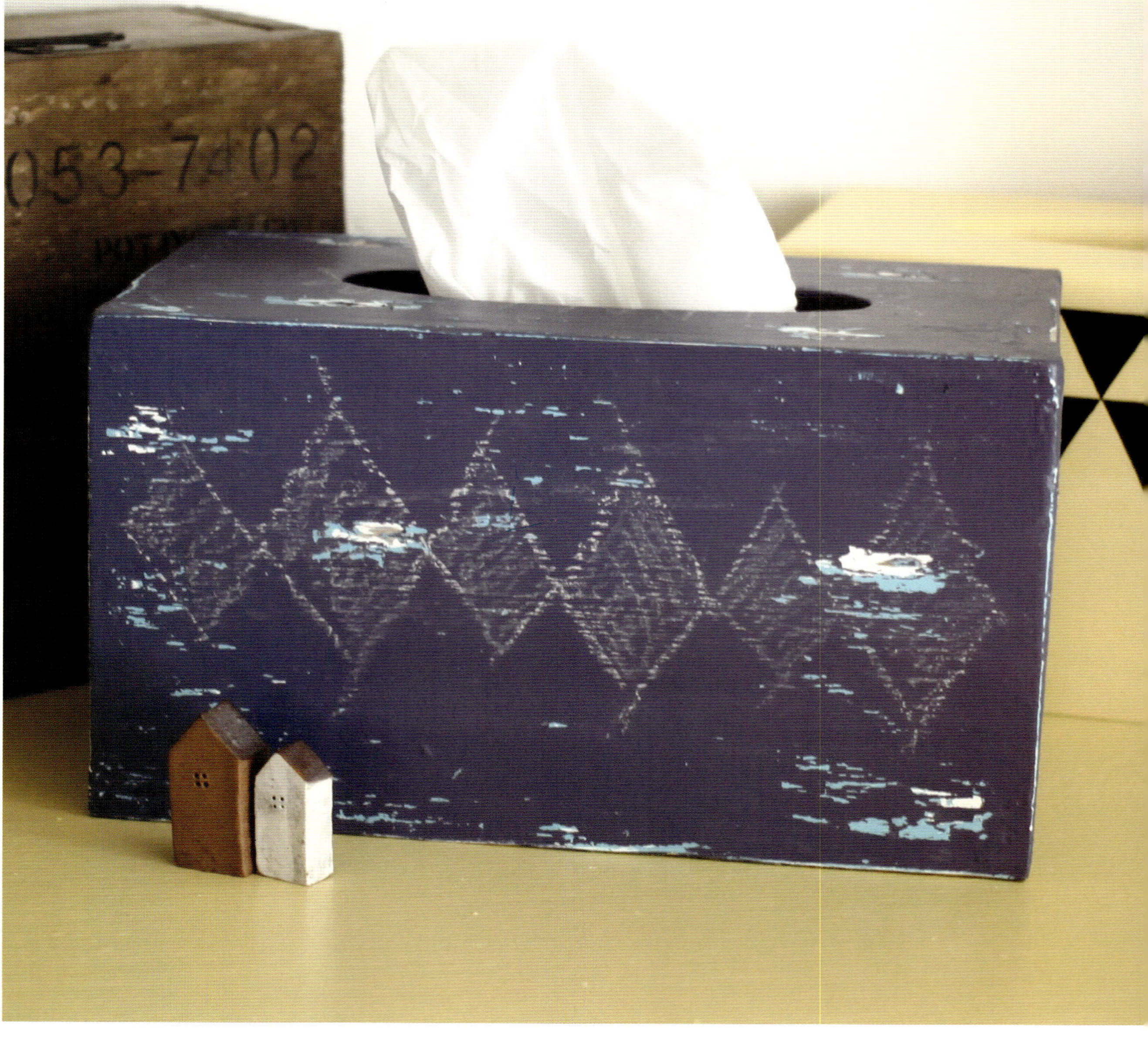

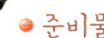

● 준비물

삼나무 패널(① 가로 26.5cm x 세로 15cm x 두께 1.2cm 2개 ② 가로 11.5cm x 세로 15cm x 두께 1.2cm 2개 ③ 가로 24cm x 세로 11.5cm x 두께 1.2cm 1개) , 톱, 연필, 충전 드릴과 드릴비트, 직소기, 220방 사포, 전기타카, 흰색 페인트(벤자민무어 OC-17번 white dove), 붓, 칼, 초, 민트색 페인트(벤자민무어 753번 santa clara), 군청색 칠판 페인트(벤자민무어 840번), 쇠자, 분필

완성 사이즈 가로 26.5cm x 세로 15cm x 두께 14cm

드릴비트가없다면 나사못으로 여러번 구멍을 낸다.

직소기가 없으면 꼬리톱을 사용한다.

1 톱으로 삼나무 패널을 ①, ②, ③ 사이즈로 재단한다.

2 ③의 나무에 가로 15.5cm x 세로 5cm 타원으로 연필로 밑그림을 그린 뒤 드릴비트를 이용해 직소기 칼날이 들어갈 정도의 구멍을 먼저 낸다.

3 작은 구멍이 난 부분에 직소기 칼날을 넣고 타원을 따라 자른다.

4 재단한 나무들을 220방 사포로 곱게 다듬는다.

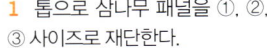

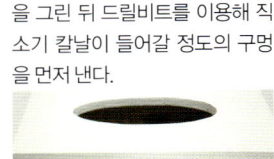

5 재단한 ①과 ②의 나무를 전기타카로 연결하고 뚜껑이 될 ③을 제일 마지막에 넣고 전기타카로 박는다.

6 흰색 페인트를 칠하고 마르면 1회 또 칠하고 말린다.

7 빈티지 효과를 내기 위해 칼집을 군데군데 자연스럽게 낸다.

8 칼집이 난 곳 위에 초를 칠한다.

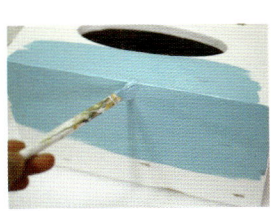

원하는 그림을 언제나 다시 그릴 수 있다는 것이 칠판페인트의 장점이다.

9 민트색 페인트를 2회 칠한 후, 칼집 난 부분에 또 다시 초를 칠한다.

10 칠판 페인트를 2회 칠한다.

11 쇠자로 초를 칠한 부분을 자연스럽게 긁는다.

12 분필로 북유럽 패턴을 그린다.

THE
WORLD'S
HISTORY

LANE · GOLDMAN · HUNT

나무를 사랑하는 북유럽에서는 쉽게 나무를 버리지 않고 재활용하는 것이
익숙한 일이라고 합니다. 오래돼서 더욱 멋진 빈티지 라디오로
빈티지 소품을 만들어 보세요.

● 준비물

톱, 본체용 목재(① 가로 26cm x 세로 14.4cm x 두께 1cm 2개 ② 가로 10.5cm x 세로 14.4cm x 두께 1cm 2개 ③ 가로 26cm x 세로 12.3cm두께 1cm 1개 ④ 가로 28.5cm x 세로 2.5cm x 두께 1cm 1개 ⑤ 가로 16.5cm x 세로 2.5cm x 두께 1cm 2개 ⑥ 가로 24.5cm x 세로 10cm x 두께 1.2cm 1개), 전기타카(혹은 못), 충전드릴과 드릴비트, 나사와 너트, 경첩, 스피커용 목재(⑦가로 13.5cm x 세로 2cm x 두께 1cm 2개 ⑧가로 8cm x 세로 2cm x 두께 1cm 2개), 자투리 철망(가로 13.5cm x 세로 8cm), 붓, 철부식 페인트와 부식액, 초, 청록색 페인트(벤자민무어 AF-510 dragonfly), 쇠자, 나뭇가지(혹은 목봉), 목공 본드

완성 사이즈 가로 28.5cm x 세로 22cm x 폭 12.5cm(손잡이 포함)

전기타카가 없다면망치와못을 이용해서박는다.

1 필요한 목재 ①~⑧까지 톱으로 잘라서 준비한다. (⑥만 삼나무 패널이고 나머지는 키엔호 고재이다.)

2 ①과 ②를 전기타카로 연결한다. 옆면이 완성되면 ⑤를 바닥에 넣고 전기타카로 연결한다.

3 ④의 나무로 ㄷ자가 되게 손잡이를 만들고 아랫부분에는 나사를 박기 위해서 드릴과 드릴비트로 구멍을 내준다.

4 옆면은 밑에서 6cm 정도 되는 곳에 충전드릴과 드릴비트를 이용해서 구멍을 낸다.

5 4에 3을 올리고 구멍에 드릴로 나사못을 박아준다.

6 상자 안쪽에 나사못이 튀어나오면 너트를 조여준다.

7 경첩을 이용해 ③의 뚜껑을 본체에 단다.

8 앞부분에 자투리 철망과 ⑦⑧의 나무를 얹은 뒤에 전기타카로 박는다.

원목에는 젯소를 칠하지 않는다.

나뭇가지를 구하기 힘들다면 목봉을 사용한다.

9 스피커 부분의 나무와 철망에 철부식 페인트를 바른 후, 마르면 1회 더 칠한다. 마르면 부식액을 바른다.

10 빈티지 효과를 위해 나머지 부분에는 듬성듬성 초를 바른다.

11 손잡이와 스피커를 제외한 모든 곳에 청록색 페인트를 2회 칠한 후, 쇠자로 초를 칠한 부분을 긁어내 빈티지 느낌을 살린다.

12 주변에서 쉽게 구할 수 있는 나뭇가지를 1~1.5cm 길이로 잘라 8개 만들어 스피커 옆 부분에 목공 본드로 붙인다.

석쇠 시계

난이도 ★★☆

북유럽 사람들은 벼룩시장을 정말 좋아합니다.
벼룩시장에서 건진 듯한 느낌이 드는 빈티지스러운 석쇠 시계입니다.

● 준비물

원형 석쇠(지름 25cm), 니퍼, 미송 합판 패널(가로 x 세로 10cm), 건타카,
드릴과 드릴비트, 철부식 페인트와 부식액, 붓, 우드락(지름 2cm),
글루건과 심, 시계 무브, 나사, 시곗바늘(시침, 분침, 초침)

완성 사이즈 지름 25cm x 두께 1cm

1 녹슨 원형 석쇠를 준비한다.

2 가운데 부분의 석쇠 살 5개를 니퍼로 자른다.

3 미송 합판 패널을 앞부분에 놓고 뒷부분에서 건타카를 박아서 석쇠와 나무를 고정한다.

4 앞부분 미송 합판 패널의 가운데 부분에 시계 무브가 들어갈 수 있도록 드릴로 구멍(지름 1cm)을 만든다.

석쇠가 덜 녹슬었다면 석쇠에도 철부식 페인트를 칠한다.

5 철부식 페인트를 미송 합판 패널에 2회 칠한다.

6 철부식 페인트가 다 마르면 부식액을 2~3회 칠한다. 부식액을 많이 바를수록 많이 부식된다.

7 원형(지름 2cm)으로 우드락을 자른 뒤 글루건을 이용해 석쇠에 붙인다.

8 뒷면에서 시계 무브를 구멍에 넣는다.

9 시계 앞쪽에 튀어나온 시계 무브를 나사로 조인 뒤 시곗바늘을 시침, 분침, 초침 순으로 끼운다.

스크랩우드
선반

난이도 ★☆☆

사용감이 있는 나무 느낌으로 표현하는 것을
스크랩우드라고 하는데 빈티지 느낌이 물씬 풍기는 아이템입니다.
페인트가 묻은 부분을 자연스럽게 표현하는 것이 가장 중요합니다.

● 준비물

삼나무 패널(가로 70cm x 세로 12cm x 두께 1.5cm), 톱, 갈색 스테인(벤자민무어 옥스퍼드 브라운), 스펀지, 마스킹 테이프, 미색 페인트(벤자민무어 208번 da vincis canvas), 민트색 페인트(벤자민무어 753번 santa clara), 연한 하늘색 페인트(벤자민무어 HC-143번 wythe blue), 빨간색 페인트(벤자민무어 AF-290번 caliente), 훅고리 4개, 드릴, 나사못, 캔 뚜껑 훅고리 2개

완성 사이즈 가로 70cm x 세로 11cm x 폭 8cm(훅고리 포함)

1 삼나무 패널을 톱으로 자른다.

2 갈색 스테인을 스펀지로 1회 발라준다.

3 마스킹 테이프를 적당한 간격으로 3곳에 붙인다.

4 미색 페인트, 민트색 페인트, 연한 하늘색 페인트, 빨간색 페인트를 순서대로 칠한다.

5 페인트가 다 마르면 마스킹 테이프를 뗀다.

6 스크랩우드 느낌이 나는 판재를 완성한다.

7 훅 고리를 12cm 간격으로 드릴과 나사못으로 박는다.

8 뒷면 적당한 위치에 캔 뚜껑을(2개) 박아 고리를 만든다.

빈티지 06

양철 부식
화분

난이도 ★ ☆☆

부식 페인트는 멀쩡한 양철도 부식된 듯 표현하는 페인트입니다.
부식 페인트는 철부식과 동부식 페인트 두 가지로 나뉩니다.
철부식은 녹슨 느낌, 동부식는 약간 파란 느낌이 납니다.

● **준비물**

양철통 2개(2001아웃렛 구입), 초강력 젯소(벤자민무어), 철부식 페인트와 부식액, 동부식 페인트와 부식액, 붓, 레터링 스티커, 칼

완성 사이즈
중간 크기 양철통 : 지름 12.5cm x 높이 7.5cm
작은 크기 양철통 : 지름 10cm x 높이 .5cm

1 양철통 2개를 준비한다.

2 젯소를 칠한 후, 마르면 1회 더 칠한다.

3 취향에 따라 철부식 페인트(회색), 동부식 페인트(동색)를 안팎 모두 각각 2회 칠한다.

부식액을 바른다고 바로 부식되지는 않으므로 1시간 간격으로 여러 번 칠한다. 부식이 너무 많이 되었다면 사포로 표면을 긁는다.

4 철부식, 동부식 페인트가 굳으면 철부식액, 동부식액을 각각 안팎으로 2~3회씩 칠한다.

5 레터링 스티커에서 원하는 문자를 자른다.

6 양철통에 스티커를 올려 놓고 긁으면 원하는 글씨가 새겨진다.

장식용 트렁크 박스

난이도 ★★☆

밋밋한 부분에 포인트가 되기도 하고, 다용도로 수납할 수 있는 공간으로도 활용 가능한 트렁크 박스입니다. 직접 가지고 다니는 것은 무리지만 늘 여행자라는 기분으로 집안에 데코를 한다면 멋지지 않을까요?

● 준비물

삼나무 패널(①가로 50cm x 세로 15cm x 두께 1.2cm 4장 ②가로 50cm x 세로 4.5cm x 두께 1.2cm 4장 ③가로 27.5cm x 세로 4.5cm x 두께 1.2cm 4장), 220방 사포, 전기타카, 드릴, 경첩, 손잡이, 스펀지, 수성 스테인(월럿색), 초, 민트 페인트(벤자민무어 753번 santa clara), 1자 드라이버, 빈티지 철끈, 못, 망치, 홍삼 박스 뚜껑, 흰색 페인트(벤자민무어 OC-17번 white dove), 연필, 자, 아크릴 물감(검정색), 글루건

완성 사이즈 가로 50cm x 세로 30cm x 폭 18cm(손잡이 포함)

1 삼나무 패널을 재단한 후, 220방 사포로 깔끔하게 정리한다. 우선 ②와 ③을 전기타카로 박는다.

2 옆부분을 박고 ① 2개를 얹은 뒤 전기타카를 위에서 박는다. 같은 방법으로 2개를 만든다.

3 2개를 포갠 뒤 드릴로 경첩을 단다.

4 앞쪽에는 드릴로 손잡이를 단다.

초를 칠하는 이유는 상도색으로 페인트 칠한 뒤에 초칠한 부분을 긁어 내 빈티지함을 표현하기 위해서이다.

5 월럿색 수성 스테인을 스펀지로 칠한 후, 마르면 군데군데 초를 칠한다.

초를 칠한 부분은 구별하기 쉽지 않다. 그래서 초를 칠한 부분은 페인트를 얇게 칠해서 긁어 낼때 찾기 쉽도록 한다.

6 초를 칠한 후 민트색 페인트를 2회 칠하고 1자 드라이버로 초를 칠한 부분을 긁어준다.

7 빈티지 철끈을 트렁크 박스 테두리에 돌려 못과 망치로 고정시킨다.

8 홍삼 박스 뚜껑에 장식을 한다. 흰색 페인트를 2회 칠한 후, 연필과 자를 이용해 바둑판 모양으로 밑그림 그리고 검정색 아크릴 물감을 칠한다.

9 글루건을 이용해 트렁크 박스에 붙인다.

북유럽 소품들은
예쁠 뿐 아니라 실용성도 매우 중요합니다.
일상생활에서 다양하게 활용 가능한
아이템들을 만들어 보세요.

PART 5
실용
Practical

냄비 받침

난이도 ★★☆

자투리 나무와 병뚜껑의 멋진 만남. 심심했던 손잡이에는
북유럽 느낌의 꽃 패턴 덕분에 냄비 받침이 좀 더 화사해집니다.

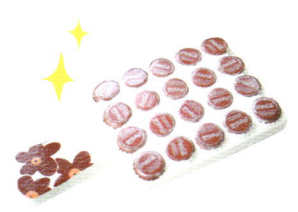

● 준비물

키엔호 빈티지 티크 고재(가로 18cm x 세로 12cm x 두께 1.8cm) 또는 자투리 나무, 직소기 또는 톱, 220방 사포, 병뚜껑 20개, 파텍스 초강력 접착제, 타일 줄눈제, 일회용 장갑, 물티슈, 흰색 페인트(벤자민무어 OC-17번 white dove), 빨간색 페인트(벤자민무어 AF-290번 caliente), 오렌지색 페인트(벤자민무어 2169-30 oriole), 아크릴 물감(검정색), 도트펜, 바니시(벤자민무어)

완성 사이즈 가로 23.5cm x 세로 12cm x 두께 2.5cm

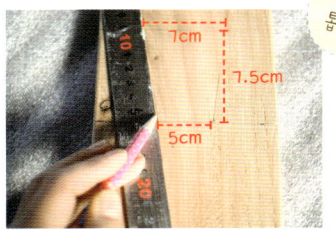

직소기가 없을 경우 톱을 사용한다.

1 키엔호 빈티지 티크 고재를 톱으로 자른 후, 손잡이 부분을(윗부분 7cm, 아랫부분 5cm) 연필로 밑그림 그린다.

2 밑그림을 따라 직소기로 자른다.

3 220방 사포로 모서리를 곱게 다듬는다.

몇 시간이 지나고 금이 간 부분이 생긴다면 다시 한번 메운다. 표면이 거칠게 느껴진다면 물을 살짝 묻힌다.

4 20개 병뚜껑 안에 파텍스 초강력 접착제를 가득 채운 후, 3의 나무 위에 붙인다.

5 타일 줄눈제를 병뚜껑 사이사이에 채운다.

6 일회용 장갑을 끼고 평평하게 펴면서 틈이 보이지 않게 메운다.

7 물티슈로 병뚜껑에 묻은 줄눈제를 닦는다. 오래 두면 잘 닦이지 않으니 바로 닦는다. 줄눈제 바른 부분이 거칠면 220방 사포로 표면을 다듬는다.

8 병뚜껑을 제외한 모든 부분은 흰색 페인트로 칠한 후 마르면 1회 더 칠한다. 손잡이 부분은 꽃모양 밑그림을 그리고 빨간색, 오렌지색 페인트, 아크릴 물감을 이용해 모양을 낸다.

9 페인트가 다 굳으면 병뚜껑을 제외한 곳에 바니쉬를 칠한 후, 마르면 1회 더 칠한다.

실용 02

냅킨 홀더

난이도 ★☆☆

손님 초대를 즐겨하는 북유럽 사람들도 손뼉 치며
좋아할 것 같은 냅킨 홀더입니다. 북유럽 패턴의 자투리 천을 활용해
테이블에서 북유럽의 멋진 분위기를 연출해 보세요.

● 준비물
휴지심 2개, 북유럽풍 커트지(네스홈 구입), 가위, 딱풀,
오간디 리본 1m(핑크색, 하늘색), 실, 바늘, 글루건과 심

완성 사이즈 가로 4cm x 세로 9.8cm x 높이 7cm(리본 꽃 포함)

1 휴지심을 북유럽풍 패브릭 위에 올리고 양쪽으로 2cm, 폭은 1cm씩 여분을 두고 자른다.

2 패브릭과 휴지심을 딱풀로 바른다.

3 양쪽 시접분은 휴지심 안쪽으로 깔끔하게 들어가도록 접어서 안으로 넣는다.

4 오간디 리본 1m를 준비해 폭을 반으로 접은 후 접힌 부분을 바늘로 홈질한다.

5 홈질한 리본은 실을 잡아 당겨 20cm 정도 길이로 매듭 지으면 꽈배기처럼 돌돌 말린다.

6 양쪽 끝 부분을 삼각형이 되게 안으로 접은 뒤에 글루건으로 붙여 실이 풀린 부분을 정리한다.

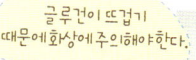

글루건이 뜨겁기 때문에 화상에 주의해야한다.

7 글루건을 묻히고 4~5초 후에 손으로 누르면서 꽃모양을 만든다.

8 7번처럼 돌돌 말면 꽃모양이 만들어진다. 끝부분도 글루건을 묻혀서 깔끔하게 마무리한다.

9 안쪽에 글루건을 발라 휴지심 위에 붙인다.

동물 화분

난이도 ★☆☆

스웨덴 일러스트레이터 잉겔라 P 아레니우스의 목각 인형 디자인을
참 좋아합니다. 그녀는 나무에 다양한 동물을 그렸다면 저는 우유
페트병에 귀여운 동물들을 그려 화분을 만들어 보았어요.

● 준비물

우유 페트병(1.8ℓ 용량) 2개, 칼, 초강력 젯소(벤자민무어), 연필, 송곳, 얇은 끈, 흰색 페인트(벤자민 무어 OC-17번 white dove), 옥색 페인트(벤자민무어 578번 florida keys), 카키색 페인트(벤자민무어 AF-510 dragonfly), 미색 페인트(벤자민무어 208번 da vincis canvas), 꽃분홍색 페인트(벤자민무어 2076-20번 royal flush), 아크릴 물감(검정색), 오렌지색 페인트(벤자민무어 2169-30번 oriole)

완성 사이즈 가로 9cm x 세로 24cm x 폭 13.5cm

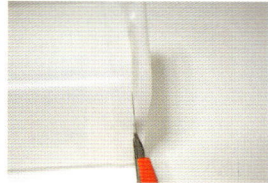

1 우유 페트병 2개를 깨끗하게 씻어 말린 후, 바닥에 1cm 부분을 칼로 자른다.

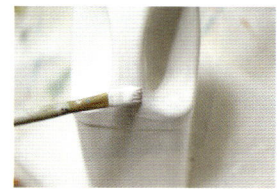

2 젯소를 1회 칠하고 마르면 흰색 페인트를 칠한다. 페인트가 완전히 마르면 1회 더 칠한다.

3 원하는 모양으로 밑그림을 그리고 페인팅한다. 페트병 손잡이 아래 부분부터 마름모 패턴(가로 4cm x 세로 2cm)을 이용해 연필로 북유럽 패턴을 그린다.

4 손잡이 부분에 옥색 페인트를 칠하고 완전히 마르면 1회 더 칠한다.

5 마름모꼴로 밑그림 부분에 세 가지 색상의 페인트를 이용해 입체적인 느낌이 나도록 칠한다.

6 페트병 뚜껑과 손잡이 부분에는 흰색 페인트로 페인팅 한 뒤에 검정색 아크릴 물감으로 강아지 얼굴을 그린다.

7 또 다른 페트병에는 손잡이부터 윗부분에 오렌지색 페인트를 칠하고 마르면 1회 더 칠한다. 뚜껑에도 같은 색으로 칠한다.

8 머리 부분에는 검정색 아크릴물감으로 물결 모양 패턴을 그린다.

9 손잡이와 뚜껑 사이의 공간에 여우 얼굴을 그린다.

10 윗부분에 송곳으로 구멍을 뚫어 얇은 끈으로 걸이를 만들어 벽에 건다.

머그잔
화분

난이도 ★ ☆ ☆

굉장히 아끼던 머그잔에 이가 나갔지만 버리기엔 애착이 너무 커서
화분을 만들었어요. 스웨덴 사람들이 즐긴다는 청어와 자연 모티브를 그려
북유럽 분위기를 살려서 말이죠. .

● 준비물

머그잔 2개, 끝이 뾰족한 망치, 연필, 초강력 젯소(벤자민무어),
흰색 페인트(벤자민무어 OC-17번 white dove), 민트색 페인
트(벤자민무어 753번 santa clara), 파란색 페인트(벤자민무어
2065-30번 brillant blue), 도트펜, 아크릴 물감(검정색), 바니
시, 붓, 망

바닥에 두꺼운 종이를 깔고 망치로 바닥을 한 부분만 콕콕 두드리면 구멍이 난다.

완성 사이즈 가로 12cm x 세로 9.3cm x 폭 8.5cm(손잡이 포함)

1 끝이 뾰족한 망치로 머그잔 바닥에 구멍을 뚫어 준다.

2 젯소를 칠하고 말린 후, 1회 더 칠한다. 젯소가 마르면 흰색 페인트를 같은 방법으로 2회 칠한다.

3 페인트가 다 마르면 나뭇잎(가로 1.5cm x 세로 5cm)과 청어(가로 1cm x 세로 4.5cm)를 연필로 밑그림 그린다.

4 나뭇잎은 민트색, 청어는 파란색 페인트를 칠한다.

5 청어 눈동자와 비늘은 검정색 아크릴 물감으로 표현한다.

6 나뭇잎 줄기는 검정색 아크릴 물감으로, 열매는 도트펜으로 콕콕 찍어 표현한다.

7 화분은 물과 접촉이 잦으니 마지막으로 바니시를 칠하고 마르면 1회 더 칠한다.

8 머그잔 바닥 구멍에 망을 깔아준 뒤 식물을 심는다.

도마 트레이

난이도 ★★☆

북유럽 냅킨에서 자주 나오는 삼각형 패턴을 트레이에 옮겼답니다.
곰팡이가 껴서 사용하지 않는 도마의 변신입니다. 손님이 오면 제일
먼저 손이 가는 멋진 트레이!

● 준비물

못 쓰는 도마, 220방 사포, 흰색 페인트(벤자민무어 OC−17번 white dove), 연필, 자, 회색 페인트(벤자민무어 2137−50번 sea haze), 연한 하늘색(벤자민무어 HC−143번 wythe blue), 청록색 페인트(벤자민무어 AF−510 dragonfly), 바니시, 손잡이 2개, 드릴, 나사못 4개

완성 사이즈 가로 37.5cm x 세로 24cm x 두께 1.2cm(손잡이 포함)

1 사용하지 않는 도마를 220방 사포로 표면을 다듬어 준 후, 흰색 페인트를 칠하고 말린 후, 1회 더 칠한다.

2 가로 세로 6cm 크기의 정사각형을 연필로 그리고 그 안에 사선을 그어 패턴을 만든다.

3 회색, 연한 하늘색, 청록색 페인트로 페인팅한다.

물에 닿는 소품일 경우 꼭 바니시로 마감해야 한다.

4 페인트가 마르면 바니시를 칠하고 마르면 1회 더 칠한다.

5 짧은 면 양쪽에 드릴과 나사못을 이용해 손잡이를 단다.

소라 화분

난이도 ★☆☆

북유럽에서는 집안 곳곳 식물들로 포인트를 준 곳이 많습니다. 조개구이를 먹으러 간 곳에서 얻은 소라를 화분으로 변신시켜 보았어요.

⬤ 준비물

소라 2개, 연한 하늘색(벤자민무어 HC-143번 wythe blue), 아크릴 물감(흰색), 도트펜, 아주 연한 하늘빛 흰색 페인트(벤자민무어 2067-70번 white satin), 아크릴 물감(검정색), 참치캔 2개, 초강력 젯소(벤자민무어), 흰색 페인트(벤자민무어 OC-17번 white dove), 다육이

완성 사이즈

큰 소라 크기 : 가로 13cm x 세로 9cm x 폭 9cm
작은 소라 크기 : 가로 11cm x 세로 7.5cm x 폭 7cm

소라는 크기가
큰 것으로 모아둔다.

1 소라 2개를 깨끗하게 씻어 말린다.

2 하늘색 페인트를 칠하고 마르면 1회 더 칠한다. 마르면 흰색 아크릴 물감을 도트 펜으로 찍는다.

3 아주 연한 하늘빛 흰색 페인트를 칠하고 마르면 1회 더 칠한다. 마르면 검정색 아크릴 물감으로 선을 긋는다.

4 소라 화분 받침대를 만들기 위해 참치 캔 2개를 깨끗하게 씻어 말린다.

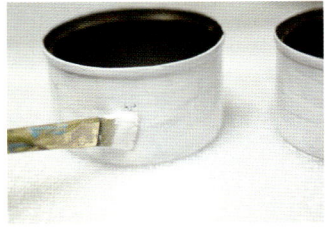

5 붓으로 젯소를 1회 칠한다.

6 5에 흰색 페인트를 칠하고 마르면 1회 더 칠하고 말린다.

7 붓으로 연한 하늘색 페인트를 세로로 그린다.

8 도트펜으로 하늘색 페인트로 모양을 낸다.

9 포트 안의 흙과 다육을 그대로 소라 안에 넣고 윗부분에는 고운 모래를 덮고 7, 8의 화분 받침대에 올려 준다.

자연에서 모티브를 얻은 벽시계입니다. 사용하지는 않지만,
버리기는 아까운 스테인리스 그릇을 벽시계로 만들어 보세요.
한 구석에 잠자고 있는 스테인리스 그릇도 실용적인 아이템이 될 수 있습니다.

● 준비물

사용하지 않는 스테인리스 그릇, 드릴, 드릴비트, 초강력 젯소(벤자민무어), 흰색 페인트(벤자민무어 OC-17번 white dove), 연필, 파란색 페인트(벤자민무어 753번 santa clara), 9자말이 노우즈, 와이어, 시계 무브, 시곗바늘, 숫자 오너먼트, 글루건과 심

완성 사이즈 지름 24.5cm x 두께 8cm

밑그림은 작게 그린다. 색칠할때 밑그림보다 조금 크게 칠하면 연필자국을 따로 지울 필요가 없다.

1 사용하지 않는 스테인리스 그릇을 뒤집어 드릴비트로 구멍을 뚫는다.

2 표면에 초강력 젯소를 바르고 마르면 1회 더 바른다.

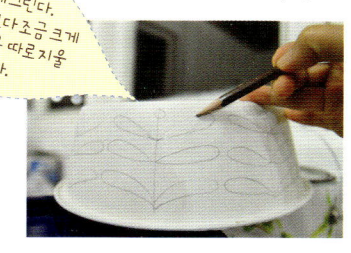

3 젯소가 마르면 흰색 페인트를 칠하고 마르면 1회 더 칠한다. 페인트가 마르면 연필로 밑그림을 그린다.

2회 이상 칠해야 연필로 그린 밑그림이 지워진다.

4 파란색 페인트로 칠하고 마르면 1회 더 칠한다.

5 드릴 비트로 구멍을 낸 뒤에 시계 안쪽에서 9자말이로 와이어를 동그랗게 구부려 벽걸이를 만든다.

6 스테인리스 그릇 안쪽에 1번에서 구멍을 낸 곳에 시계 무브를 넣는다.

7 시계 무브를 시계 뒷면에 넣고 시계 앞쪽에서 나사로 고정시킨다. 시곗바늘은 시침, 분침, 초침 순으로 달아 준다.

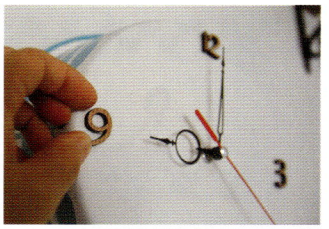

8 숫자 오너먼트를 글루건으로 붙인다.

양철통 보관함

난이도 ★ ☆☆

자연에서 영감을 얻은 패턴들로 양철통 보관함을 만들어 보았어요.
스웨덴 디자이너 로타 오멜리우스처럼 말이죠. 모든 패턴을 자연에
서 찾는 북유럽 디자이너들의 마음을 담고 싶습니다.

● 준비물

양철통 2개, 초강력 젯소(벤자민무어), 흰색 페인트(벤자민무어 OC-17번 white dove),
연필, 아크릴 물감(검정색), 세필붓

완성 사이즈 지름 10.5cm x 높이 8.5cm

1 과자나 비타민이 들어 있던 양철통을
재활용한다.

2 젯소를 1회 칠하고 말린다.

3 흰색 페인트를 칠한 후 마르면 1회 더
칠한다.

4 연필로 원하는 밑그림을 그린다.

5 세필 붓에 검정색 아크릴 물감을 묻혀
밑그림을 따라 그린다.

6 좋아하는 북유럽 스타일 패턴도 그린다.

7 패턴을 꼼꼼하게 칠해 완성한다.

열쇠 보관함

난이도 ★★☆

리폼 할 때 홍삼 상자는 정말 요긴하게 사용됩니다.
덴마크 국기 색에서 착안해 붉은 계통으로 칠한
열쇠 보관함입니다.

● 준비물

홍삼 상자 1개, 훅고리 2개, 빠찌링, 글루건과 심, 우드락, 연필, 칼, 단추 11개, 메꾸미, 주스 병뚜껑 4개, 자투리 나무 1개, 드릴, 나사못, 초강력 젯소(벤자민무어), 오렌지색 (벤자민무어 2169-30번 oriole), 아크릴 물감(검정색, 흰색), 연필, 검정색 와이어, 9자말이 노우즈, 드릴, 나사못, 고리

빠찌링을 다는 이유는 주스뚜껑과 빠찌링 자석을 고정시키기 위해서이다.

완성 사이즈
가로 10.5cm x 세로 33cm x 폭 9cm(전화기줄, 수화기 포함)

1 홍삼 상자 안쪽에 열쇠를 걸 수 있도록 훅고리를 손으로 돌려서 달아준다.

2 홍삼 뚜껑에 빠찌링을 글루건으로 붙인다.

3 우드락에 지름 6cm 원을 연필로 그린 후 칼로 자른다.

4 빠찌링을 붙인 뚜껑 상단에 3의 우드락을 글루건으로 붙인다. 우드락에는 단추 11개를 글루건으로 붙이고 메꾸미로 단추 구멍을 메운다.

원목에는 젯소를 바르지 않아도 되지만 우드락과 단추에는 젯소를 발라야 페인팅이 쉽다.

5 병뚜껑 2개를 일렬로 놓고 자투리 나무를 얹어 드릴로 나사못을 박아 고정시킨 뒤 글루건으로 병뚜껑을 하나씩 포개어 붙여 수화기를 만든다.

6 전체적으로 초강력 젯소를 1회 바른 후 말린다.

7 그 위에 오렌지색 페인트를 칠한 후 마르면 1회 더 칠한다. 전화기 다이얼이 되는 단추와 가운데 원부분에 검정색 아크릴 물감을 2회 칠한다.

8 연필로 검정색 와이어를 돌돌 만다.

9 9자말이 노우즈로 와이어 끝 부분을 말아준다.

10 드릴과 나사못을 이용해 와이어를 홍삼 상자 아랫 부분과 전화기 끝 부분에 박는다.

11 검정색 아크릴 물감을 칠한 단추에 흰색 아크릴 물감으로 숫자를 적는다.

12 고리는 뒷부분 상단에 드릴로 나사못을 박은 뒤 벽에 건다.

주전자 화분

난이도 ★ ☆ ☆

오랫동안 써서 조금은 흉물스럽게 변한 주전자를 화분으로 재활용했어요.
친환경주의 스웨덴 브랜드, 브리타에 자주 등장하는 하트 패턴을 입혔는데
인기 많은 브리타의 러그가 생각나네요.

● 준비물

못 쓰는 양철 주전자, 초강력 젯소(벤자민무어), 붓, 노란색 페인트(벤자민무어 2018-30번 citrus blast), 스텐실용 하트 도안(부록에 수록), 연필, 평붓, 회색 페인트(벤자민무어 2137-50번 sea haze), 아크릴 물감(검정색), 드릴, 철제 나사못, 콜라 뚜껑, 초강력 접착제(파텍스)

완성 사이즈 가로 25cm x 세로 14cm x 폭 19cm(손잡이 제외)

1 양철 주전자를 깨끗하게 닦아서 준비한다.

2 젯소를 칠하고 마르면 1회 더 칠한다.

3 노란색 페인트를 칠하고 마르면 1회 더 칠한다.

부록 도안을 대고 밑그림을 그린다.

4 하트 모양 스텐실 도안을 대고 연필로 밑그림을 그린 후, 회색 페인트와 검정색 아크릴 물감을 번갈아 칠한다.

5 나뭇잎 느낌이 나도록 하트 안에 줄기를 그린다. (검정색에는 회색, 회색에는 검정색으로 페인팅한다.)

6 화분에 물이 빠질 수 있는 구멍을 만든다. 드릴을 이용해 철재 나사못을 박았다 빼면 구멍이 생긴다.

파텍스 초강력 접착제는 바로 굳지 않으니 반나절에서 하루 정도 두면 딱딱하게 굳는다. 물에도 강해 잘 떨어지지 않는다.

7 콜라병 뚜껑에 파텍스 초강력 접착제를 가득 채워서 주전자 바닥에 붙인다.

트레이

난이도 ★★☆

스웨덴 브랜드로 한국에도 많이 알려진 구스타브스베리의
테이블웨어에 자주 등장하는 나뭇잎 패턴을 넣은 트레이입니다.
청량감이 좋아 특히 여름에 손님맞이할 때 사용하면 정말 좋아요.

● 준비물

삼나무 패널(①가로 42cm x 세로 15cm x 두께 1.2cm 2개 ② 가로 39.5cm x 세로 4.5cm x 두께 1.2cm 2개 ③ 가로 30cm x 세로 4.5cm x 두께 1.2cm 2개), 톱, 전기타카, 망치, 220방 사포, 미색 페인트(벤자민무어 208번 da vincis canvas), 연필, 청록색 페인트(벤자민무어 AF-510 dragonfly), 그린민트 페인트(벤자민무어 578번 florida), 오렌지색 페인트(벤자민무어 2169-30번 oriole), 아크릴 물감(흰색), 회색 페인트(벤자민무어 137-50번 sea haze), 드릴과 나사못, 손잡이

완성 사이즈 가로 45cm x 세로 30.5cm x 폭 7.5cm

1 삼나무 패널을 ①, ②, ③ 크기로 톱으로 재단한다.

2 ②와 ③을 전기타카로 박아 이어 옆면을 완성한다. 더 긴 ②가 ③의 안쪽으로 들어가게 못질한다.

3 삼나무 패널 ①을 2의 위로 올린다.

4 전기타카로 골고루 박아 고정시킨다.

5 타카심이 튀어나온 부분은 망치로 박는다.

6 모서리나 표면을 220방 사포로 곱게 다듬는다.

원목에 페인팅할때는 젯소를 칠하지 않는다.

7 미색 페인트를 전체적으로 2회 칠해준다.

밑그림을 그릴때는 위, 아래, 양쪽 사이드부터 그림을 그려준다. 여분을 생각하면서 도안을 그려야 간격이 잘맞는다.

8 연필로 밑그림을 그리고 원하는 색으로 칠한다.

9 드릴과 나사못을 이용해 손잡이를 달아준다.

티타임을 할 때 필요한 티코스터는 패브릭으로 많이 만드는데
이렇게 나무로도 만들어 볼 수 있습니다.
집 모양으로 만들어 지붕쪽은 다양하게 배색해 보세요.

● 준비물

자투리 나무(가로 10cm x 세로 12cm x 두께 1.5cm 4개), 톱, 자, 연필, 220방 사포, 붓, 그린 민트색 페인트(벤자민무어 578
번 florida keys), 회색 페인트(벤자민무어 2137-50번 sea haze), 흰색 페인트(벤자민무어 OC-17번 white dove), 아크릴
물감(검정색), 민트색 페인트(벤자민무어 753번 santa clara), 오렌지색 페인트(벤자민무어 2169-30번 oriole), 짙은 노란
색 페인트(벤자민무어 2018-30번 citrus blast), 청록색 페인트(벤자민무어 AF-510 dragonfly), 미색 페인트(벤자민무어
208번 da vincis canvas), 연한 하늘색 페인트(벤자민무어 HC-143번 wythe blue), 도트펜

완성 사이즈 가로 10cm x 세로 12cm x 두께 1.5cm

1 폭이 10cm인 자투리 나무를 집의 지붕 모양으로 사선으로 자른다.

2 총 길이 12cm가 되도록 톱으로 재단해 집 모양으로 나무를 자른다.

3 모서리는 220방 사포로 곱게 다듬는다.

4 그린민트색, 회색, 흰색 페인트를 칠해준 뒤에 지붕은 연필로 패턴을 그린다.

5 검정색 아크릴물감으로 패턴을 칠한다.

6 다양한 색의 페인트로 티코스터를 칠한다.

7 민트색과 오렌지색, 검정색 아크릴 물감을 배색해서 페인팅 한다.

8 검정색 위에 도트펜으로 흰색 페인트를 콕콕 찍는다.

9 짙은 노란색과 청록색, 미색, 흰색 페인트를 칠한 뒤에 흰색 페인트 위에 연필로 패턴을 그리고 검정색 아크릴 물감으로 색을 칠한다.

폐전구의 투명함을 살리기 위해
스테인드글라스를 칠해 화병을 만들었습니다.
어떤 꽃도 이 화병보다는 예쁘지 않을 것 같아요.

● 준비물

폐전구 2개, 참치캔 2개, 망치, 1자 드라이버, 초강력 젯소(벤자민무어), 아크릴 물감(검정색), 붓, 스테인드 글라스 물감(노란색, 파란색), 면봉, 흰색 페인트(벤자민무어 OC-17번 white dove), 청록색 페인트(벤자민무어 AF-510 dragonfly), 오렌지색 페인트(벤자민무어 2169-30번 oriole), 자주색 페인트(벤자민무어 2076-20 royal flush), 민트색 페인트(벤자민무어 753번 santa clara), 노랑색 페인트(벤자민무어 2018-30번 citrus blast), 미색 페인트(벤자민무어 208번 da vincis canvas), 연한 하늘색 페인트(벤자민무어 HC-143번 wythe blue)

완성 사이즈
중간 크기 : 지름 7cm x 높이 11cm
작은 크기 : 지름 7cm x 높이 10cm

실내보다는 바람이 잘 통하는 외부에서 작업하는 것이 좋다.

1 바닥에 깔개를 깔고 작업한다. 폐전구 끝 부분을 망치로 톡톡 때린다. 망치질을 너무 세게 하면 전구가 깨지기 쉬우니 조심해서 망치질한다.

2 폐전구 끝부분을 제거하면 속에 이중으로 된 전구가 보이는데 폐전구 안의 열선을 송곳과 1자 드라이버를 이용해 제거한다.

3 이중으로 된 유리를 깨끗하게 제거해야 작업하기 편하므로 까다로워도 신경 써서 한다.

4 다 쓴 참치캔을 깨끗하게 씻어 정리하고 초강력 젯소를 칠한다.

5 젯소가 마르면 흰색 페인트를 2회 칠한다.

6 원하는 도안을 대로 밑그림을 그리고 어울리는 색으로 페인팅 한 뒤 참치캔 안에 넣는다.

스테인드글라스 물감은 빨리 굳기 때문에 면봉으로 유리 표면에 원을 그리며 신속하게 칠한다.

7 폐전구병 입구도 젯소를 바른다.

8 면봉을 이용해 스테인드글라스 물감을 전구 겉면에 바른다.

9 젯소를 칠한 입구에 원하는 페인트로 칠한다.